中华烹饪古籍经典藏书

先秦烹饪史料选注

本书编委会　编著

中国商业出版社

图书在版编目（CIP）数据

先秦烹饪史料选注 /《先秦烹饪史料选注》编委会编著 . — 北京 : 中国商业出版社 , 2021.12
ISBN 978-7-5208-1555-0

Ⅰ . ①先… Ⅱ . ①先… Ⅲ . ①烹饪—史料—中国—先秦时代 Ⅳ . ① TS972.1-092

中国版本图书馆 CIP 数据核字（2020）第 260524 号

责任编辑：包晓嫱　杜　辉

中国商业出版社出版发行
010-63180647　www.c-cbook.com
（100053　北京广安门内报国寺 1 号）
新华书店经销
唐山嘉德印刷有限公司印刷
*
710 毫米 ×1000 毫米　16 开　13 印张　110 千字
2021 年 12 月第 1 版　2021 年 12 月第 1 次印刷
定价：59.00 元
* * * *
（如有印装质量问题可更换）

《先秦烹饪史料选注》
编辑委员会

《中国烹饪古籍丛刊》出版说明

国务院一九八一年十二月十日发出的《关于恢复古籍整理出版规划小组的通知》中指出：古籍整理出版工作“对中华民族文化的继承和发扬，对青年进行传统文化教育，有极大的重要性”。根据这一精神，我们着手整理出版这部丛刊。

我国的烹饪技术，是一份至为珍贵的文化遗产。历代古籍中有大量饮食烹饪方面的著述，春秋战国以来，有名的食单、食谱、食经、食疗经方、饮食史录、饮食掌故等著述不下百种；散见于各种丛书、类书及名家诗文集的材料，更加不胜枚举。为此，发掘、整理、取其精华，运用现代科学加以总结提高，使之更好地为人民生活服务，是很有意义的。

为了方便读者阅读，我们对原书加了一些注释，并把部分文言文译成现代汉语。这些古籍难免杂有不符合现代科学的东西，但是为尽量保持其原貌原意，译注时基本上未加改动；有的地方作了必要的说明。希望读者本着“取其精华，去其糟粕”的精神用以参考。编者水平有限，错误之处，请读者随时指正，以便修订。

中国商业出版社

1982 年 3 月

出版说明

20世纪80年代初，我社根据国务院《关于恢复古籍整理出版规划小组的通知》精神，组织了当时全国优秀的专家学者，整理出版了《中国烹饪古籍丛刊》。这一丛刊出版工作陆续进行了12年，先后整理、出版了36册，包括一本《中国烹饪文献提要》。这一丛刊奠定了我社中华烹饪古籍出版工作的基础，为烹饪古籍出版解决了工作思路、选题范围、内容标准等一系列根本问题。但是囿于当时条件所限，从纸张、版式、体例上都有很大的改善余地。

党的十九大明确提出："要坚定文化自信，推动社会主义文化繁荣兴盛。推动文化事业和文化产业发展。"中华烹饪文化作为中华优秀传统文化的重要组成部分必须大力加以弘扬和发展。我社作为文化的传播者，就应当坚决响应国家的号召，就应当以传播中华烹饪传统文化为己任。高举起文化自信的大旗。因此，我社经过慎重研究，准备重新系统、全面地梳理中华烹饪古籍，将已经发现的150余种烹饪古籍分40册予以出版，即《中华烹饪古籍经典藏书》。

此套书有所创新，在体例上符合各类读者阅读，除根据前版重新完善了标点、注释之外，增添了白话翻译，增加了厨界大师、名师点评，增设了“烹坛新语林”，附录各类中国烹饪文化爱好者的心得、见解。对古籍中与烹饪文化关系不十分紧密或可作为另一专业研究的内容，例如制酒、饮茶、药方等进行了调整。古籍由于年代久远，难免有一些不符合现代饮食科学的内容，但是，为最大限度地保持原貌，我们未做改动，希望读者在阅读过程中能够“取其精华、去其糟粕”，加以辨别、区分。

我国的烹饪技术，是一份至为珍贵的文化遗产。历代古籍中留下大量有关饮食、烹饪方面的著述，春秋战国以来，有名的食单、食谱、食经、食疗经方、饮食史录、饮食掌故等著述屡不绝书，散见于诗文之中的材料更是不胜枚举。由于编者水平所限，书中难免有错讹之处，欢迎大家批评、指正，以便我们在今后的出版工作中加以修订。

中国商业出版社

2019 年 9 月

本书简介

本书所辑为散见于先秦古籍中的饮食烹饪资料。这些古籍虽然不一定皆出自撰人的手笔，却多为弟子门人所编述；所反映的时代，大致是先秦。本书所选的古籍，以前人著录的作者时代为据，不别作考证。

先秦之世，不见饮食烹饪的专著。这里所选注的，大致有三种类型：一种是直接叙述广大人民饮食状况，如《诗经》，或论辩引喻中涉及民间饮食的资料，如《孟子》《管子》《韩非子》。一种是有关君王贵族饮馔及其制度的资料，如《周礼•天官》《礼记》。另一种则是有关士大夫饮食制度的资料，如《论语•乡党》。仅从这些零散资料，已可窥见我国先秦时代的饮食思想、烹饪技术水平以及贵族、平民之间饮食方面的天壤差别。

本书中各部分是分别由以下同志们注释的：

一、《周易》：陶文台；

二、《尚书》：韩维钧；

三、《诗经》：邱庞同；

四、《周礼》：徐孝定；

五、《礼记》：徐孝定；

六、《大戴礼记•夏小正》：韩维钧；

七、《春秋左传》：李曼农；

八、《论语》：曾纵野；

九、《孟子》：李曼农、黄琳；

十、《管子》：李曼农；

十一、《韩非子》：刘昌润；

十二、《黄帝内经•素问》：刘昌润；

十三、《老子》：李曼农；

十四、《庄子》：李曼农、黄琳；

十五、《楚辞》：李唯冰。

全书由刘昌润、刘万庆同志复校汇纂。

中国商业出版社

2021年9月

目录

《周易》选注

《周易》是上古（约在商周之际）流传下来的一部按某些符号预测人事吉凶的占卜书。所用的基本符号是“⚊”（阳）和“⚋”（阴），叫“爻”。每三爻组成一卦，有八卦：☰，叫乾，代表天；☷，坤，代表地；☳，震，代表雷；☴，巽（xùn），代表风；☵，坎（kǎn），代表水或云；☲，离，代表大；☶，艮（gèn），代表山；☱，兑，代表沼泽。每两卦（六爻）相叠，演成六十四卦，又各有专名，用以进行占卜。每个卦形后有卦名、卦辞；每卦的六爻中，每爻有爻题、爻辞。卦名、卦辞、爻题、爻辞总称为“经”，即“易经”；后人（约在战国汉初）对“经”的解释，如“彖”“象”“系辞”“文言”等，总称为“传”，即“易传”。

《周易》既是占卜用书，也就涉及当时社会生活的各个方面。卦辞、爻辞虽然玄虚难懂，但从“经”“传”的语言中也可推知若干古代事物。这里选注卦辞中有关饮食烹饪的材料。

云上于天，需；君子以饮食宴乐①。

——《需》

① 孔颖达疏：“云上于天，是天之欲雨，待时而落。所以明需，大惠将施……故君子于此之时以饮食宴乐”。需，卦名。等待的意思。卦形为䷄，下乾上坎，像云上于天。

【译】（略）

颐中有物[1]，曰噬嗑[2]。

噬腊肉……

噬干胏[3]。

——《噬嗑》

【译】（略）

观颐[4]，自求口实[5]。

观颐，观其所养也。自求口实，观其自养也。

……

君子以慎言语，节饮食。

观我朵颐[6]。

——《颐》

【译】（略）

---

① 颐中有物：嘴里有东西。颐，腮帮子。

② 噬嗑：卦名。嘴咬的意思。噬，啮。嗑，合。

③ 干胏（zǐ）：带骨的肉脯。

④ 颐：面颊，腮。这里指食物颐养。

⑤ 口实：食物。

⑥ 朵颐：动腮帮子，咀嚼食物。孔颖达疏：“朵是动义，如手之捉物谓朵也。今动其颐，故咀嚼也。”

无攸遂[1]，在中馈[2]。

——《家人》

樽酒簋贰[3]……

——《习坎》

包有鱼[4]……

——《姤》

井泥不食，旧井无禽[5]……

井渫不食[6]……

井冽寒泉，食。[7]

——《井》

【译】（略）

---

① 无攸遂：无所作为。

② 在中馈：在家里主持饮食、祭品等事。孔颖达疏："妇人之道…… 其所职主在于家中馈食供祭而已。"

③ 樽酒簋（guǐ）贰：孔颖达疏："一樽之酒，二簋之食。"樽，酒器。簋，食器。

④ 包有鱼：据孔疏，即"庖有鱼"。庖，厨房。

⑤ 井泥不食，旧井无禽：井底之泥污秽，故不可食；旧井久不淘治，水质污秽，禽鸟不向，人更不食。

⑥ 井渫（xiè）不食：井虽治理，尚未饮用其水。渫，此处为淘去污泥。

⑦ 井冽寒泉，食：井水干净清冷，可以食用。

鼎①……以木巽火②，亨③任④也。

……

木上有火，鼎。

鼎折足，覆公倲，其形渥，凶⑤。

——《鼎》

【译】（略）

震惊百里，不丧匕鬯⑥。

——《震》

归妹⑦……女承筐无实，士刲羊无血，无攸利⑧。

——《归妹》

【译】（略）

---

① 鼎：卦名，卦形为䷱，像木上有火。

② 巽：代表风，这里为散布意。

③ 亨：今作“烹”，煮熟。

④ 任：使食物成熟。

⑤ 鼎折足，覆公倲，其形渥，凶：鼎折断了足，摆不平，鼎中珍膳之食倾覆出来，污濡身体，凶灾之象。公倲，孔颖达疏：“公倲，糁也。”渥，沾濡。

⑥ 震惊百里，不丧匕鬯（chàng）：雷震惊动百里，不丧失宗庙祭祀的匕鬯。匕，匙类取食用具。鬯，粗黍加香草酿制的酒。

⑦ 归妹：卦名。此卦占卜男女婚姻吉凶。

⑧ 女承筐无实，士刲（kuī）羊无血，无攸利：据孔疏，女欲承筐装资用之物，乃虚而无实，未成嫁也。士欲刲羊以宴新婚，乃干而无血，未成娶也。是皆落空，故云“无攸利”，无所得也。刲，割杀。由此句可知古代婚礼有刲羊宴饮之俗。

豚鱼吉[①]。

……

——《中孚》

【译】（略）

水在火上，既济[②]。

……

——《既济》

【译】（略）

饮酒濡首，亦不知节也[③]。

……

——《未济》

【译】（略）

① 豚鱼吉：豚鱼皆为美食，是吉祥象征。豚，小猪。此卦为吉卦。

② 水在火上，既济：孔颖达疏："水在火上，炊爨（cuàn）之象，饮食以之而成，性命以之而济，故曰，水在火上既济也。"此处言烹饪成功。

③ 饮酒濡首，亦不知节也：饮酒时竟让酒沾湿了头，也是不知节制。此句表明古人主张饮酒有节制。

《尚书》选注

《尚书》是我国现存最早的有关上古典章文献的汇编。相传孔子编选为百篇。自唐虞以下迄于两周，许多重要的历史文献赖以保存。以其为上古之书，称为《尚书》。历代儒家尊为《五经》之一。据唐、宋、清许多学者考辨，今传本中有一部分是东晋时编入的伪作。

《尚书》体有：典、谟、贡、歌、誓、诰、训、命、征、范十例，载述古代的史事，文字古奥，素称难读，现摘其有关饮食的部分简注。

仲春①，……鸟兽孳尾②。

仲夏③，……鸟兽稀革④。

仲秋⑤，……鸟兽毛毨⑥。

① 仲春：夏历二月。

② 孳（zī）尾：鸟兽雌雄交配，生育繁殖。孔《传》：“乳化曰孳，交接曰尾。”

③ 仲夏：夏季第二个月，即夏历五月。

④ 稀革：因夏时天气日趋炎热，故鸟兽之毛羽亦逐步变稀。稀，稀疏。革，孔《传》“革，改也。”

⑤ 仲秋：秋季的第二个月，即夏历八月。

⑥ 毨（xiǎn）：孔《传》：“毨，理也，毛更生整理。”蔡沈《书经集传》：“鸟兽毛落更生，润泽鲜好也。”

仲冬[1]，……鸟兽氄[2]毛。

——《尧典》[3]

【译】夏历二月，……鸟兽开始生育繁殖。……

夏历五月，……（因天气渐热）鸟兽的羽毛变得稀疏起来。……

夏历八月，……（天气转凉）鸟兽长出新的羽毛，润泽肥美。……

夏历十一月，……（已进入冬季）鸟兽都长出柔密的绒毛御寒过冬。

食[4]哉惟时[5]。

——《舜典》[6]

【译】（要使百姓有丰足的）食物，一定要注意农时节令。

---

① 仲冬：冬季第二个月，即夏历十一月。

② 氄（yù）：鸟兽贴近皮肤的柔密绒毛。

③ 《尧典》：作于战国时，或谓是秦汉之作，尚无定论。但《尧典》当是研究中国上古社会的重要素材。

④ 食：食物。

⑤ 时：农时，节令。《书经集传》："王政以食为首，农事以时为先。舜言：'足食之道惟在于不违农时也'。"

⑥ 《舜典》：今文《尚书》与《尧典》合为一篇。

冀州[①]：……岛夷皮服[②]，夹右[③]碣石入于河[④]。

——《禹贡》[⑤]

【译】冀州：……沿海那些东方少数民族的贡品，都是些用鸟羽、兽皮制成的衣服。他们进贡的路线是经过碣石山，进入黄河溯流西上的。

① 冀州：《禹贡》把全国分为冀、青、徐、扬、荆、豫、梁、雍九州。按诸家注疏，冀州地当今之山西全部、河北大部、河南黄河以北，以及山东西北、辽宁西南这一地区，是帝尧以下"帝王所都"，即全国的政治中心，汉以后辖区变小。

② 岛夷皮服：岛，孔《疏》："岛是海中之山""谓其海曲有山夷居其上"。夷，郑玄注："东方之民"，当是指东方的少数民族。皮服，以皮毛为衣。

③ 夹右：孔《疏》："山西曰右。"此言岛夷进贡路线。

④ 碣石：山名。究在何处，历来说法不一。孔疏引《汉书·地理志》：碣石山，在北平骊城县西南（今河北省乐亭县）。据最近考古成果，说碣石在山海关外海上姜女坟。录以备考。

⑤ 《禹贡》：《尚书》中的一篇。作者不详。著作时代无定论，多数学者认为是战国时代。它记述当时我国地理情况，对黄河流域的山岭、河流、薮泽、土壤、物产、贡赋、交通等，记述较详；对长江、淮河流域的记载则相对简略。

海[1]岱[2]惟[3]青州[4]。……厥[5]贡盐絺[6]，海物[7]惟错[8]。……莱夷作牧[9]。

——《禹贡》

【译】由渤海向西南直到泰山的这一大片土地，是青州地区。……那里的贡物主要是食盐和精葛布，还有鱼类等各种各样的海产，……莱山等地的少数民族，是从事放牧的（所以他们只能把牧物作为贡品来献给朝廷）。

---

① 海：渤海。

② 岱：《孔疏》：“岱，音代，泰山也。”

③ 惟：是。有“在”意。

④ 青州：古代九州之一。《尔雅·释地》“营州”《疏》曰：“此营州则青州之地。……禹别九州，有青、徐、梁，而无幽、并、营，是夏制也；《周礼》,周公所作，有青、幽、并，而无徐、梁、营，是周制也；此（《尔雅》）有徐、幽、营，而无青、梁、并，是殷制也。”青州是尧、夏、周时建制，大致南到泰山，北跨渤海，而兼有辽东之地。

⑤ 厥（jué）：其，代词。

⑥ 絺（chī）：细葛布。

⑦ 海物：海中生物。

⑧ 错：种类繁多之意。

⑨ 莱夷作牧：莱地之夷主要从事畜牧业。

海[①]岱[②]及[③]淮[④]惟徐州[⑤]。……羽畎[⑥]夏翟[⑦]，……淮夷[⑧]玭珠[⑨]及鱼。

——《禹贡》

【译】从黄海、泰山到淮河，这一大片土地是徐州地区。……（这里的）羽山要进贡山谷里五采的长尾山鸡，……淮河边上的东方少数民族，要进贡蚌珠和鱼类。

淮海惟扬州[⑩]。……篠[⑪]簜[⑫]既[⑬]敷[⑭]，……齿革羽

① 海：此处应指黄海。青州南端以泰山为界，渤海在青州境内。徐州在泰山以南，故此海不当为渤海。

② 岱：泰山。

③ 及：到；达。

④ 淮：淮河，发源于河南桐柏山，经安徽、江苏入海。南宋时黄河夺淮，淮河改道，经洪泽湖、高邮湖流入长江。

⑤ 徐州：九州之一。大致是东至黄海，北至泰山，南到淮河与扬州接壤，西与豫州交界。

⑥ 羽畎（quǎn）：羽山之谷。羽，羽山，今在江苏徐州市赣榆县。畎，山谷或田间小沟。

⑦ 夏翟：五色曰夏，长毛山雉曰翟。

⑧ 淮夷：郑玄解释是“淮水上之夷民”。

⑨ 玭（pín）珠：玭，《说文》作“玭”。孔疏：“玭是蚌之别名。此蚌出珠，遂以蠙为珠名。”

⑩ 淮海惟扬州：淮，淮河。海，南海。孔《传》：“北据淮，南距海。”《尔雅·释地》：“江南曰扬州。”

⑪ 篠：一作“筱（xiāo）”，小竹。

⑫ 簜（dàng）：大竹。其笋可食。

⑬ 既：已经。引申可作“以后”讲。

⑭ 敷（fū）：普遍生长的意思。

毛[1]，……厥[2]包[3]橘柚锡[4]贡。

——《禹贡》

【译】北起淮河，南到南海，这一大片土地都是扬州地区。……那里普遍生长着大大小小的竹子，（那里要按常例向朝廷进贡）象牙、兽皮、鸟羽和牦牛尾。……打包进贡橘子和柚子。

荆[5]及衡阳[6]惟荆州[7]。……厥贡羽毛齿革，……惟箘簵

① 齿革羽毛：孔疏："齿是牙齿；革是犀牛皮（或兽皮）治去其毛者；羽是鸟羽毛；毛是牦牛尾。"

② 厥：其，那里。

③ 包：包裹。

④ 锡：赐。引申为给予。

⑤ 荆：荆山。在今湖北省西部，武当山东南。《汉书·地理志》称之为"南条荆山"。西周时，楚国在此建国。

⑥ 衡阳：山之南为阳，衡阳为衡山之南。孔疏："衡是大山，其南无复有名山大川可以为记，故言阳，见其南至山南也。"

⑦ 荆州：古代九州之一。孔疏："此州北界至荆山之北，……南及衡山之阳。"王先谦引郑注："荆州界自荆山南至衡山南。"

楛[1]……包匭[2]菁茅[3]，……九江[4]纳[5]锡[6]大鼋[7]。

——《禹贡》

【译】从荆山向南一直到衡山以南，这一大片土地是荆州地区。……那里要进贡鸟羽、牦牛尾、象牙和兽皮。……还要进贡箘竹和楛木。……还要把青茅缠成束，用匣子装上（或打成包）进贡。……长江两岸还要进贡大龟鳖。

华阳[8]黑水[9]惟梁州。……厥贡……熊[10]罴[11]狐[12]

① 惟箘（jùn）簵（lù）楛（hù）：全句系指进贡竹或木质箭杆而言。惟，此处当“和”或“与”讲。箘簵，孔颖达疏：“箘、簵是两种竹也。但段玉裁《说文解字注》认为此二字本是一物。楛，荆条一类，可作箭轩。

② 包匭（guǐ）：缠成束打包或装匣。

③ 菁（jīng）茅：一种有刺的香草，古代用以漉酒去滓。

④ 九江：非今之“九江”。此处系泛指长江流域的众多支流。

⑤ 纳：贡纳。

⑥ 锡：赐，引申为给予。

⑦ 大鼋（yuán）：也指江中的大鳖。

⑧ 华阳：华山之南。孔颖达疏：“华山在豫州界内。此梁州之境，东据华山之南，不得其山，故言阳也。”

⑨ 黑水：前人说法不一。王世舜《尚书译注》列举七、八种说法，今依清朝陈澧说，黑水是怒江上游哈拉乌苏河。

⑩ 熊：兽名，俗称狗熊。

⑪ 罴（pí）：兽名，俗称人熊。

⑫ 狐：俗称狐狸。

狸[①]织皮[②]。

——《禹贡》

【译】从华山的南面，向西一直到黑水，这一大片土地是梁州地区。……那里要进贡……熊、罴、狐、狸四种野兽的皮毛。

黑水[③]西河[④]惟雍州[⑤]。……织皮昆仑、析支、渠搜、西戎[⑥]即叙[⑦]。

——《禹贡》

【译】西从黑水，东到西河，这一大片土地是雍州地区。……（处在边远地带的）昆仑、析支、渠搜等羌戎之国，都要依次进贡毛皮织物。

---

① 狸：俗称野猫。

② 织皮：贡此四兽之皮以织物。孙炎说："织毛而言皮者，毛附于皮，故以皮表（示）毛耳。"

③ 黑水：怒江上游哈拉乌苏河。

④ 西河：黄河以西。孔《传》："龙门之河，在冀州西。"《尔雅·释地》："自积石、龙门南流渭之西河。"据此，当在今陕西境内。

⑤ 雍州：孔疏："雍州之境被荒服之外，东不越河（黄河），而西逾黑水。"王肃云："'西据黑水，东距西河。'所言得其实也。"

⑥ 昆仑、析支、渠搜、西戎：皆古代西域少数民族国名。

⑦ 即叙：依次序列。

五百里甸服[①]，百里纳赋总[②]，二百里纳铚[③]，三百里纳秸[④]服，四百里纳粟[⑤]，五百里纳米[⑥]。

——《禹贡》

【译】离王都郊外五百里之内叫“甸服”。离王畿一百里以内的地方，要把庄稼连秆送来,离王畿两百里以内的地方，就可不送茎秆，只送穗头；离王畿两百里以外，三百里以内的地方，可去掉芒尖送来；离王畿三百里以外，四百里以内的地方，只送谷粒；离王畿四百里以外，五百里以内的地方，就只要送脱壳后的米粒了。

① 甸服：指在王畿五百里范围内的人为王治田出谷的规定。甸，本意为都城郊外，此为古代赋贡的等级和地域范围。服，服劳，“治田出谷税也”。

② 总：指全禾。孔《传》：“总入之以供饲国马。”即连禾草一齐缴纳。

③ 铚（zhì）：本为短镰。孔疏：“禾穗用铚以刈，故以铚表禾穗也。”这里是指只缴纳谷穗。

④ 秸（jiē）：孔《传》：“秸，稾也。或作稭。”秸是农作物脱穗后之茎秆。但《传》又引马钧说：“秸，去其颖。”王世舜《尚书译注》释“秸”为去芒尖。

⑤ 粟：古代为黍、稷、粱、秫等粮食的总称。后来亦指带壳的谷（小米），俗称“谷子”。

⑥ 米：泛指去谷皮的粮食。古代北方种植水稻似不普遍，故从上下文看，似应为脱壳后之粟，也就是现在的“小米”。

不服田亩[①]，越其[②]罔有[③]黍[④]稷[⑤]。

——《盘庚上》[⑥]

【译】如果不肯勤劳地去耕作农田，那么在那里当然也不会有什么黄米、高粱等农作物的收获。

高宗[⑦]肜[⑧]日[⑨]，越[⑩]有雊雉[⑪]。

——《高宗肜日》

【译】高宗祭祖后的第二天又祭时，有一只雄雉飞落在庙堂的鼎耳上，伸颈而叫。

---

① 不服田亩：不从事田中劳作。《书经集传》"不服田亩"注云："不事田亩。"服，治、事。

② 越其：在那里（田亩中）。越，作"于"解。

③ 罔有：不会有。罔，无也；不也。

④ 黍（shǔ）：黍属而黏者也。

⑤ 稷（jì）：或谓黍属，或谓即粟。程瑶田《九谷考》："稷，今人谓之高粱。"段玉裁、王念孙均从之。

⑥ 《盘庚》：主要内容是记录商朝十九代国王盘庚在迁都前后对臣民的三次讲话。今文《尚书》并为一篇，古文《尚书》分作三篇。

⑦ 高宗：武丁。盘庚之侄，小乙之子，为商朝二十二代国王。

⑧ 肜（róng）：孔《传》："祭之明日又祭，殷曰'肜'，周曰'绎'。"

⑨ 《高宗肜日》：按《尚书·高宗肜日》篇首云："高宗祭成汤，有飞雉升鼎而耳雊，……作《高宗肜日》。"

⑩ 越：于是。

⑪ 雊（gòu）雉：《说文解字》："雊，雄雉鸣也。雷始动，雉乃鸣而句（雊）其颈。"

五行[①]：一曰水，二曰火，三曰木，四曰金，五曰土[②]。水曰润下[③]，火曰炎上[④]，木曰曲直，金曰从革[⑤]，土爰稼穑[⑥]。润下作咸[⑦]，炎上作苦[⑧]，曲直作酸[⑨]，从革作辛[⑩]，稼

---

① 五行：指水、火、木、金、土五种物质。我国古代哲学家用这五种物质来说明万物的起源。孔疏："五行即五材也。襄二十七年《左传》云：'天生五材，民并用之。'言五者，各有材干也；谓之行者，若在天，则五气流行，在地，世所行用也。"

② 水、火、木、金、土：《书经集传》引孔疏："万物成形，以微著为渐，五行先后，亦以微著为次，五行之体，水最微，为一；火渐著，为二；木形实，为三；金体固，为四；土质大，为五。"则水、火、木、金、土的排列顺序乃由微至著也。

③ 水曰润下：孔疏引王肃曰："水之性润万物而退下。"《正义》："水则润下，可用以灌溉。"

④ 火曰炎上：孔疏引王肃曰："火之性，炎盛而升上。"炎上，向上燃烧也。《正义》云："火则炎上，可用以炊爨。"

⑤ 金曰从革：孔疏曰："革者，可销铸以为器也。"意思是说，金属可顺从人意，重新销铸成别的器皿。

⑥ 土爰（yuán）稼穑（sè）：孔疏："爰，曰也。"孔《传》："种曰稼，敛曰穑，土可以种，可以敛。"稼，耕种，穑，收割。孔疏："生物是土之本性，其稼穑非土本性也。"又云变"'曰'言'爰'以见此异也"。《书经集传》更说："稼穑不可以为（土之）性也，故不曰'曰'而曰'爰'。"这是说，水的本性是润下，火的本性是炎上，木的本性是曲直，金的本性是从革，但是稼穑却不是土的本性，所以这里不说"曰"而说"爰"，以示区别。

⑦ 润下作咸：孔疏："水性本甘，久浸其地，变而为卤，卤味乃咸。"这是说，水的味道是咸的。

⑧ 炎上作苦：孔疏："火性炎上，焚物则焦，焦是苦气。"又云："苦为焦味。"意思是说，火的气息是焦的，其味则为苦。

⑨ 曲直作酸：孔疏："木生子实，其味多酸。五果之味虽殊，其为酸，一也。是木实之性然也。"这是说，木所结果实，都带有酸味，所以说木性是酸的。

⑩ 从革作辛：孔疏："金之在火，别有腥气，非苦非酸，其味近辛，故辛为金之气味。"辛，辛辣也。

穑作甘[①]。

——《洪范》[②]

【译】所谓五行：一是水；二是火；三是木；四是金；五是土。水是向下渗透，火向上燃烧，木可以弯曲或伸直，金可以销熔重新铸成别的器物，土可供人们种植庄稼。向下渗润的水，它的味道是咸的；向上燃烧的火，它的味道是苦的；可以弯曲或伸直的木，它的味道是酸的；可以顺从人意重新销熔变更的金，它的味道是辛辣的；从土里生长的庄稼，它的味道是甜的。

八政[③]：一曰食[④]……。

——《洪范》

【译】君主有“八政”，第一就是（让人民有充足的）食物。

---

① 稼穑作甘：孔《传》：“甘味生于百谷。”孔疏：“谷是土之所生，故甘为土之味。”百谷皆从土生，百谷之味是甜的，所以说稼穑之味是甜的。

② 洪范：洪，《尔雅·释诂》释为“大”。范，本字为“笵（fàn）”，《说文解字》释为“法”。洪范的题意是说这是天地之间的大法，是研究天道运行法则的典籍。

③ 八政：孔疏：“八政者，人主施政教于民有八事也。”君主施政中应该抓的八件大事为食、货、祀、司徒、司空、司寇、宾、师。

④ 食：孔疏：“食，教民使勤农业。”

惟[1]辟[2]玉食[3]。

——《洪范》

【译】只有天子才能享用珍异美食。

文王[4]……朝夕曰：祀兹酒[5]，惟[6]天降命，肇我民[7]，惟元祀[8]。

——《酒诰》[9]

【译】文王……不论早晚都告诫我们说：只有在祭祀时才能用酒。想一想上天下达使命的意图吧！开始教我们造酒，就是为了供大祭用的。

① 惟：只，仅。

② 辟：天子，君主。《尔雅·释诂》："天、帝、王、后、辟……君也。"

③ 玉食：孔《传》注为"美食"。《正义》行张晏说为"珍食"。

④ 文王：周文王姬昌，季历之子，殷纣时被封为西伯。

⑤ 祀兹酒：只有在祭祀时才可以用这酒。祀，祭祀。兹，这。

⑥ 惟：《尔雅·释诂》："怀、惟、虑，……思也"。此处作思虑，考虑解。

⑦ 肇我民：《尔雅·释诂》："肇，始也。"孔《传》云："始令我民作酒。"意为（上天）开始教我的人民酿酒。

⑧ 元祀：大祭也。

⑨ 酒诰：诰，告也。《尔雅·释诂》："《疏》诰者，布告也。"《说文解字段注》，上告下也。《酒诰》是关于戒酒的文告。西周初年，周公旦有灭武庚之乱后，庚叔被封于殷之故都，其地酗酒，周公鉴于殷纣因酒灭国的教训，即以《酒诰》戒之。

用孝养厥[①]父母，厥父母庆[②]，自洗腆[③]致[④]用酒。

——《酒诰》

【译】用孝道来赡养你的父母，你的父母就一定会高兴。你亲自洗涤器具、菜蔬，准备好丰盛的食物，可以用酒，表达你对父母的敬意。

厥或[⑤]诰[⑥]曰：群饮[⑦]。汝勿佚[⑧]，尽执拘[⑨]以归周[⑩]，予其杀[⑪]。

——《酒诰》

【译】如果某人告发：有人群聚饮酒，你们不要放过，都逮捕起来，送到京师，我要杀他们。

---

① 厥：其。此作第二人称代词“你”解。孔《传》云：“用其所得珍异孝养其父母。”

② 厥父母庆：《书经集传》云“父母喜庆”。父母非常高兴。

③ 洗腆：《书经集传》云：“洗，以致其洁；腆，以致其厚。”则洗为洗洁，腆为丰厚。

④ 致：表达；致敬。

⑤ 厥或：王引之《经传释词》说“助辞”。杨树达《词诠》也说“语首助辞，无义”。或，有的人，无定代词。

⑥ 诰：同“告”。

⑦ 群饮：孔《传》云：“民群聚饮酒，不用上命。”《书经集传》云：“群饮者，商（殷）民群聚而饮，为姦（jiān）恶者也。”

⑧ 佚：孔《传》、孔疏均释为“失”，此处意为不要放过，无使漏网。

⑨ 执拘：逮捕。

⑩ 周：孔《传》解释为“以归京师”。周，为周之京师镐京。

⑪ 予其杀：其，未定辞也。《书经集传》引苏氏说曰：“予其杀者，未必杀也。犹今法曰当斩者，皆具犹以待命，不（是）必死也。然必云法长，欲人畏而不敢犯也。”

乃命宁[①]予[②]以秬鬯[③]二卣[④]。

——《洛诰[⑤]》

【译】于是（成王）就派人带着二卣秬鬯（美酒）来慰问我。

若作酒醴[⑥]，尔惟[⑦]麹蘖[⑧]。若作和羹[⑨]，尔惟盐梅[⑩]。

——《说命》[⑪]

【译】譬如酿酒，你就是酒曲；譬如做羹，你就是盐和梅。

---

① 宁：安宁，安定，探视。

② 予：周公自称。周公，姓姬，名旦，又称叔旦，为武王弟，成王之叔武王死，成王年幼，由他摄政，是西周初年杰出的政治家。

③ 秬（jù）鬯：周代祭祀时用的一种美酒。《书经集传》说：“秬，黑黍也。鬯，郁金香草也。”“以黑黍为酒，合以郁鬯所以祼也”。

④ 卣（yǒu）：古时酒器。椭圆口，深腹圈足，有盖和提梁。

⑤ 《洛诰》：据《史记·周本纪》所载，当作于周公还政于成王之后。

⑥ 醴（lǐ）：甜酒。

⑦ 惟：是。王引之《经传释词》：“惟，是也。”

⑧ 麹（qū）蘖（ niè）：酿酒的发酵物。麹，今写作“曲”。孔《传》：“酒醴须麹蘖以成。”《书经集传》：“作酒者麹多则太苦，蘖多则太甘，麹蘖得中，然后成酒。”

⑨ 和羹：用不同的调味品配制协调的羹汤。《书经集传》：“作羹者，盐过则咸，梅过则酸，盐梅适中，然后成羹。”

⑩ 梅：果木名。早春开花，果实味酸，立夏后熟，古时除食用外，还用来调味。

⑪ 《说（yuè）命》：叙述了殷高宗武丁与贤相傅说的故事，这几句话是殷高宗武丁对贤相傅说所说的。

《诗经》选注

《诗经》是中国最早的诗歌总集，大抵是周初至春秋中叶的作品，产生于今陕西、山西、河南、山东及湖北等地，编成于春秋时代，共三百零五篇，分《风》《雅》《颂》三部分。《风》大都是民歌；《雅》《颂》有些是宴会乐歌，也有不少暴露时政的作品，还有一些是祀神祭祖的诗。

《诗经》对中国两千多年来的文学发展有深广的影响，而且是很重要的古代史料。因其中不少篇什采自民间，颇多篇幅涉及当时社会上的饮食状况和风俗，对于考察先秦的饮食情况很有参考价值，因摘出注释。

参差荇菜①，
左右流②之。

——《周南·关雎》

【译】（略）

① 参（cēn）差（cī）荇（xìng）菜：指荇菜生长得长短不齐。参差，长短不齐貌。荇菜，多年生草本植物，叶子略呈圆形，浮在水面，根生长在水底，花黄色，蒴果椭圆形。叶可采来当蔬菜吃。

② 流：择取。或说“流”为“求”意。

我姑[①]酌[②]彼金罍[③]，维以不永怀[④]。

……

我姑酌彼兕觥[⑤]，维以不永伤。

——《周南·卷耳》

【按】以上四句是说饮大杯的酒，以排遣心中的思念和忧伤。

【译】（略）

桃之夭夭[⑥]，灼灼[⑦]其华[⑧]。

……

桃之夭夭，有[⑨]蕡[⑩]其实。

……

① 姑：姑且。

② 酌：斟酒；饮酒。

③ 金罍（léi）：青铜制的一种酒器。

④ 维以不永怀：让我的心暂时安宁。维，助词。永怀，长久思念。

⑤ 兕（sì）觥（gōng）：用兕牛角制造的酒杯。兕，顶生一角的野牛。觥，大型酒器。一说"觥"是青铜做成的牛形酒器，用以盛酒。

⑥ 桃之夭夭：桃含苞貌。一说形容桃茂盛而鲜艳。

⑦ 灼（zhuó）灼：鲜明貌。

⑧ 华：同"花"。

⑨ 有：语助词。

⑩ 蕡（fén）：形容果实圆而大。

桃之夭夭，其叶蓁蓁[①]。

——《周南 · 桃夭》

【译】（略）

于以采蘩[②]？于沼于沚。

……

于以采蘩？于涧之中。

——《召南 · 采蘩》

【译】（略）

采葑[③]采菲[④]，无以下体[⑤]！

——《邶风 · 谷风》

【译】（略）

谁谓荼[⑥]苦，其甘如荠[⑦]。

——《邶风 · 谷风》

---

① 其叶蓁（zhēn）蓁：桃叶长得茂盛。蓁蓁，茂盛貌。

② 于以采蘩（fán）：什么地方采白蒿？蘩，白蒿。叶似嫩艾，茎赤或白色，根茎可食。

③ 葑（fēng）：蔓菁。

④ 菲（fěi）：蔬菜名。

⑤ 下体：指葑、菲的根部。

⑥ 荼（tú）：苦菜。

⑦ 荠：荠菜，有甜味。

【译】（略）

我有旨蓄[①]，亦以御冬[②]。

——《邶风[③]·谷风》

【译】（略）

山有榛[④]，隰[⑤]有苓[⑥]。

——《邶风·简兮》

【译】（略）

匏[⑦]有苦叶[⑧]，济[⑨]有深涉[⑩]。

——《邶风·匏有苦叶》

【译】（略）

① 旨蓄：美菜或指腌菜。

② 御冬：抵挡寒冬。这里是度过冬天的意思。

③ 邶（bèi）风：《诗经》十五国风之一，共十九篇，为邶地民歌。

④ 榛（zhēn）：落叶乔木。花黄褐色。果实叫榛子，果仁可食。

⑤ 隰（xí）：低湿的地方。

⑥ 苓（líng）：甘草。一说苍耳；一说地黄；一说黄药。

⑦ 匏（páo）：葫芦之类。

⑧ 苦叶：指匏叶味苦。

⑨ 济：济水。

⑩ 涉：渡口。

雄雉[①]于飞，泄泄其羽[②]。

——《邶风·雄雉》

【译】（略）

何彼秾矣[③]，唐棣之华[④]。

——《召南·何彼秾矣》

【译】（略）

摽有梅[⑤]，顷筐塈之[⑥]。

——《召南·摽有梅》

【译】（略）

爰采麦矣[⑦]，沬[⑧]之北矣。

——《墉风[⑨]·桑中》

【译】（略）

---

① 雄雉：公野鸡。

② 泄泄其羽：指雄雉见雌雉飞起也从容地展翅而飞。泄泄，“飞之缓也”。

③ 何彼秾（nóng）矣：怎么这样繁茂哟？秾，繁盛貌。

④ 唐棣之华：奥李的花。

⑤ 摽有梅：梅子纷纷坠落。一说“摽”是掷、抛。

⑥ 顷筐塈（jì）之：提着筐儿盛梅子。顷筐，斜口筐。塈，取。

⑦ 爰采麦矣：到哪儿去割麦？爰，于何。

⑧ 沬（mèi）：卫国邑名。

⑨ 墉（yōng）风：是《诗经·国风》中的内容。

河水洋洋[1]，北流活活[2]。
施罛濊濊[3]，鳣鲔发发[4]。

——《卫风 · 硕人》

【译】（略）

女曰“鸡鸣”[5]，士曰“昧旦”[6]。
“子兴视夜[7]，明星有烂。
将翱将翔，弋凫与雁[8]”。

——《郑风 · 女曰鸡鸣》

【译】（略）

① 河水洋洋：黄河水势很盛大。

② 北流活活：（黄河在卫国）向北流时发出哗哗的声响。活（guō）活，水流声。

③ 施罛（gū）濊（huò）濊：将渔网张入水中，发出阵阵声响。罛，亦作“罟（gǔ）”，渔网。濊濊，张网入水之声。

④ 鳣（zhān）鲔（wěi）发（bō）发：鳣鲔尾巴煽动，发出“拨拨”的声音。鳣，鳇鱼，一说为赤鲤。鲔，鲟鱼。发发，鱼尾击水之声，一说为盛貌。

⑤ 女曰“鸡鸣”：妻子说，鸡叫了。

⑥ 士曰“昧旦”：丈夫说，天快亮了。昧旦，天色将明未明之际。

⑦ 子兴视夜：你快起床看夜空（此是妻子说的话。要丈夫起身看看夜色）。兴，起身。视夜，观察夜色。

⑧ 弋凫（fú）与雁：妻子要丈夫早起，在野鸭和大雁起飞前，去捕捉它们。弋，带绳的箭，用来射鸟。凫，野鸭。

敝笱在梁[1]，其鱼鲂[2]鳏[3]。

……

敝笱在梁，其鱼鲂鱮[4]。

——《齐风·敝笱》

【译】（略）

园有桃，其实之殽[5]。

……

园有棘[6]，其实之食[7]。

——《魏风·园有桃》

【译】（略）

不狩不猎，胡瞻尔庭有县貆兮[8]？

……

① 敝笱（gǒu）在梁：破旧的捕鱼器放在鱼梁上。笱，竹制的捕鱼器，鱼进去出不来。梁，鱼梁，即拦鱼坝。

② 鲂：鳊鱼。

③ 鳏（guān）：鲩鲲。

④ 鱮（xù）：鲢鱼。

⑤ 其实之殽（yáo）：桃子味道好。殽，同“肴”，味美。

⑥ 棘：枣树。

⑦ 其实之食：枣子好吃。

⑧ 胡瞻尔庭有县貆（huān）兮：为什么看到你家庭院中悬挂着貛（huān）子。县，同“悬”。貆，兽名，俗称貛子。

不狩不猎，胡瞻尔庭有县特[①]兮？

……

不狩不猎，胡瞻尔庭有县鹑[②]兮？

——《魏风 · 伐檀》

【译】（略）

椒聊之实[③]，蕃衍盈升[④]。

——《唐风 · 椒聊》

【译】（略）

阪有漆[⑤]，隰有栗[⑥]。

——《秦风 · 车邻》

【译】（略）

① 特：三岁的兽。

② 鹑：鹌鹑。

③ 椒聊之实：花椒的果实结成了一串。椒，花椒，多子，味香烈。聊，聚结之意，指草木结子成一串。

④ 蕃衍盈升：指将花椒种下去可以收一升多子。蕃衍，生长繁殖。

⑤ 阪有漆：山上长着漆树。

⑥ 隰有栗：洼地中生着榛栗。

于[①]我[②]乎，每食四簋[③]，今也每食不饱[④]。

于嗟乎，不承权舆[⑤]。

——《秦风 · 权舆》

【译】（略）

岂其食鱼，必河之鲂[⑥]。

……

岂其食鱼，必河之鲤。

——《陈风 · 衡门》

【译】（略）

谁能亨鱼[⑦]？溉之釜鬵[⑧]。

——《桧风 · 匪风》

【译】（略）

---

① 于（wū）：叹词。

② 我：某没落贵族的自称。

③ 每食四簋（guǐ）：每餐食用四簋肴馔。簋，古代用铜或陶制成的食器。四簋，当是那时比较考究的膳食规格。此句说作者对以前生活的留恋。

④ 今也每食不饱：如今每餐都吃不饱。

⑤ 不承权舆（yú）：比不上当初之意。"权舆"，本指草木萌芽的状态，引申为开始、当初。

⑥ 必河之鲂：难道吃鱼定要吃黄河里的鳊鱼？河，黄河。

⑦ 亨鱼：煮鱼。亨，同"烹"。

⑧ 溉之釜鬵（xín）：把锅洗干净之意。溉，洗。鬵，釜类的烹器。

六月食郁及薁[①]，七月亨葵及菽[②]。

八月剥枣[③]，十月获稻。

为此春酒[④]，以介眉寿[⑤]。

七月食瓜，八月断壶[⑥]，九月叔苴[⑦]。

采荼新樗[⑧]，食我农夫。

……

二之日凿冰冲冲[⑨]，三之日纳于凌阴[⑩]。

四之日其蚤[⑪]，献羔祭韭[⑫]。

九月肃霜[⑬]，十月涤场[⑭]。

① 郁、薁（yù）：两种植物，果实可吃。郁，果实似李。薁，果实似桂圆，一说为野葡萄。

② 亨葵及菽：烹煮葵菜及豆子。葵，菜名。菽，豆类总称。

③ 剥枣：扑枣，打枣。剥，通“扑”。

④ 春酒：冬酿春成之酒。系用上文所说的枣、稻为原料酿制。

⑤ 以介眉寿：敬酒祈人长寿。介，通“丐”，祈求之意。眉寿，长寿。

⑥ 壶：大葫芦。

⑦ 叔苴（jū）：拾取麻子。叔，拾。苴，麻子，可食。

⑧ 采荼新樗（chū）：采荼当菜，用樗木烧煮。荼，苦菜。樗，木名，即臭椿。

⑨ 二之日凿冰冲冲：十二月份凿冰发出“冲冲”的声响。二之日，腊月。

⑩ 三之日纳于凌阴：正月把冰块藏在冰窖之中。三之日，正月。凌阴，冰窖。凌，冰。阴，通“窨”，地窖。

⑪ 蚤：早，所谓“早朝”，亦即下文的祭祖仪式。在每年夏历二月初一举行。

⑫ 献羔祭韭：祭祀时献上羊羔和韭菜。

⑬ 肃霜：肃爽，天高气爽。霜，同“爽”。

⑭ 涤场：将谷物打扫干净。一说涤荡，指天宇澄清。

朋酒斯飨[①]，日杀羔羊。

跻[②]彼公堂[③]，称彼兕觥[④]，万寿无疆[⑤]!

——《豳风 · 七月》

【译】（略）

九罭[⑥]之鱼，鳟[⑦]鲂。

——《豳风[⑧] · 九罭》

【译】（略）

我有旨酒[⑨]，嘉宾[⑩]式[⑪]燕[⑫]以敖[⑬]。

……

① 飨（xiǎng）：用酒食招待客人，泛指请人受用。

② 跻（jī）：登上。

③ 公堂：古代农村的公共场所。

④ 称彼兕觥：举起兕牛角做的大酒杯敬酒。称，举杯敬酒。兕觥，用兕牛角做的大酒杯。

⑤ 万寿无疆：颂祝之辞。万寿，长寿。无疆，无穷。

⑥ 九罭（yù）：细孔渔网。

⑦ 鳟（zūn）：鱼名，即赤眼鳟。

⑧ 豳（bīn）风：是《诗经》十五国风之一。共七篇，为先秦时代豳地华夏族民歌。

⑨ 旨酒：指佳肴美酒。

⑩ 嘉宾：对宾客的尊称。

⑪ 式：发语词。

⑫ 燕：通“宴”。

⑬ 敖：游逛，此处为逍遥之意。

我有旨酒，以燕乐嘉宾之心。

——《小雅·鹿鸣》

【译】（略）

伐木许许[①]，酾酒有藇[②]。
既有肥羜[③]，以速诸父[④]。
宁适不来，微我弗顾[⑤]。
於粲洒扫[⑥]，陈馈八簋[⑦]。
既有肥牡[⑧]，以速诸舅[⑨]。
宁适不来，微我有咎。
伐木于阪[⑩]，酾酒有衍[⑪]。

① 许（hǔ）许：伐木时的号子声。一说为砍木时发出的声响。

② 酾酒有藇（xù）：滤过的酒味道很美。酾，以竹器滤酒，以去酒糟。藇，指酒味美好。

③ 羜（zhù）：五个月的小羊。

④ 以速诸父：邀请各位本族的长辈。

⑤ 宁适不来，微我弗顾：宁可他因故而不来，而不能自己准备、顾念不周到。宁，宁可。适，凑巧。不来，指“诸父”因故不来参加宴会。微，无。顾，照顾周到。

⑥ 於（wū）粲（càn）洒扫：指屋子里打扫得干净。於，感叹词。粲，鲜明貌。

⑦ 陈馈八簋：指陈列了多种肴馔。陈，摆列。馈，本指给人进食物，此处指食品。八簋，泛指许多碗（的肴馔）。

⑧ 牡：指小公羊。

⑨ 诸舅：指异姓长辈。

⑩ 阪：山坡。

⑪ 酾酒有衍：滤过的酒很多。衍，多。

笾豆有践[①]，兄弟无远[②]。

民之失德[③]，干糇以愆[④]。

有酒湑我[⑤]，无酒酤我。

坎坎[⑥]鼓我，蹲蹲[⑦]舞我。

迨我暇矣，饮此湑矣[⑧]。

——《小雅·伐木》

【按】《伐木》共三章。为一首宴享亲朋的乐歌。此处选其第二、三两章。

【译】（略）

鱼丽于罶[⑨]，鲿鲨[⑩]。

---

① 笾豆有践：席上整齐地陈列着盛有肴馔的笾和豆。笾豆，均为古食器。践，整齐的样子。

② 兄弟无远：兄弟辈的亲友不要疏远、见外。

③ 民之失德：指人们失去友谊。

④ 干糇（hóu）以愆：这是对上句诗的补充说明，即（失去友谊）是因为用粗薄食品待客的缘故。干糇，本指干粮，此处泛指粗薄的食品。

⑤ 有酒湑（xǔ）我：家里有酒我就把它滤清（以待客）。湑，酾的意思。

⑥ 坎坎：击鼓之声。

⑦ 蹲蹲：跳舞之姿。

⑧ 迨我暇矣，饮此湑矣：意为等我有闲暇，再来饮此清酒。是饮宴之后，再约后会之词。

⑨ 鱼丽于罶（liǔ）：指鱼落入捕鱼的篓、笼等工具。丽，通“罹”，遭遇、落入之意。罶，竹制的捕鱼工具。

⑩ 鲿（cháng）鲨：均为鱼名。鲿，黄鲿。鲨，指一种小鱼。

君子有酒，旨且多。

鱼丽于罶，鲂鳢[①]。

君子有酒，多且旨。

鱼丽于罶，鰋[②]鲤。

君子有酒，旨且有。

物其多矣[③]，维其嘉矣[④]。

物其旨矣，维其偕矣[⑤]。

物其有矣，维其时矣[⑥]。

——《小雅·鱼丽》

【按】此诗描写的是当时贵族宴饮的丰盛情况。

【译】（略）

南有嘉鱼[⑦]，烝然罩罩[⑧]。

君子有酒，嘉宾式燕以乐。

——《小雅·南有嘉鱼》

---

① 鳢（lǐ）：鱼名，即黑鱼。

② 鰋（yǎn）：鱼名。又名鲇。

③ 物其多矣：指宴会上品物丰富。

④ 维其嘉矣：指肴馔味道佳美。

⑤ 维其偕矣：谓肴馔搭配得合适。偕，美好齐全。

⑥ 维其时矣：谓肴馔为时令佳品。

⑦ 嘉鱼：鱼名。又名丙六鱼。形如鳟，甚肥美。出自广西、四川等地。

⑧ 烝然罩罩：捕鱼器中捉住了很多的嘉鱼。烝然，指鱼很多的样子。罩，捕鱼器具。罩罩，指有许多罩。

【按】此四句意为有鲜鱼美酒宴请贵宾，令人欢快。

【译】（略）

饮御诸友[1]，炰鳖脍鲤[2]。

——《小雅·六月》

【按】《六月》是赞周宣王臣尹吉甫出征猃狁，师捷庆功的诗。

【译】（略）

既张我弓，既挟我矢[3]。

发彼小豝[4]，殪此大兕[5]。

以御宾客，且以酌醴。

——《小雅·吉日》

【按】《吉日》是描绘周宣王田猎后，宴请宾客的诗。以上是最后一章，描述其猎获丰盛，大设宴席的情况。

【译】（略）

---

① 饮御诸友：设宴招待各位战友。御，进。友，指战斗中的伙伴。

② 炰（páo）鳖脍鲤：烹煮甲鱼及生鱼片。炰，烹煮之意。脍，原指切得很细的鱼肉。此处作动词用。

③ 矢：箭。

④ 小豝（bā）：小野猪。

⑤ 殪（yì）此大兕：射死这头大野牛。殪，杀死。兕，野牛。

谁请尔[1]无羊，三百维群[2]。

谁谓尔无牛，九十其犉[3]。

尔羊来思[4]，其角濈濈[5]。

尔牛来思，其耳湿湿[6]。

——《小雅 · 无羊》

【按】此咏领主牛羊的蕃盛，可知当时家畜的饲养已很发达。

【译】（略）

彼有旨酒，又有嘉肴。

——《小雅 · 正月》

【按】此两句可知当时已将美酒与佳肴并称。

【译】（略）

---

① 尔：指牛羊所有者。

② 三百维群：三百只羊是一群。维，同“为”。

③ 犉（chún）：七尺的牛。

④ 尔羊来思：你的羊群走来了。

⑤ 其（jì）角濈（jí）濈：指群羊角碰角地聚集在一起。濈濈，群角聚集的样子。

⑥ 其耳湿湿：指牛耳朵不时晃动的样子。湿湿，牛耳摇动的样子。

执爨踖踖[1]，为俎孔硕[2]。

或燔或炙[3]，君妇莫莫[4]。

为豆孔庶[5]，为宾为客[6]。

献酬交错[7]，礼仪卒度[8]。

笑语卒获[9]，神保是格[10]。

报以介福[11]，万寿攸酢[12]。

——《小雅·楚茨》[13]

【按】《楚茨》是贵族祭祀祖先的乐歌，以上为第三章，描写祭台的丰盛和仪式的隆重。

【译】（略）

---

① 执爨（cuàn）踖（jí）踖：指庖人掌厨动作敏捷又认真。爨，烧火做饭。踖踖，敏捷又认真的样子。

② 为俎（zǔ）孔硕：指俎中的祭品很丰盛。俎，古代祭祀时盛生肉的铜制礼器。此处指俎中的肉。孔硕，很丰盛。一说俎为案板，肉案又大又高。

③ 或燔（fán）或炙：又是烤肉又是烧肉。燔，烤肉。炙，烧肉。

④ 君妇莫莫：指主妇待客礼貌周到。莫莫，安静的样子。

⑤ 为豆孔庶：食器很多，实指肴馔丰富。庶，多。

⑥ 为宾为客：谓饮食是为宾客而制作。

⑦ 献酬交错：主客相互敬酒，觥筹交错。献，敬酒。

⑧ 礼仪卒度：礼仪极合法度。卒度，极合法度。卒，尽。

⑨ 笑语卒获：笑谈也很合规矩。获，一说为"矱（yuē）"。

⑩ 神保是格：司祭这时也来了。神保，指司祭。格，至。

⑪ 报以介福：（神）用大福来酬报。

⑫ 万寿攸酢（zuò）：（神）酬报人们以万寿。攸，乃。酢，报。

⑬ 《小雅·楚茨》：是中国古代第一部诗歌总集《诗经》中的一首诗。这是周王祭祖祀神的乐歌。

中田有庐[①]，疆场有瓜。

是剥是菹[②]，献之皇祖。

曾孙寿考，受之天祜[③]。

祭以清酒，从以骍牡[④]。

享[⑤]于祖考，执其鸾刀[⑥]。

以启其毛，取其血膋[⑦]。

——《小雅·信南山》

【按】以上是祭祀祖先的诗。

【译】（略）

宾之初筵，左右秩秩[⑧]。

笾豆有楚[⑨]，肴核[⑩]维旅[⑪]。

① 中田有庐：田中有看瓜人的房舍。庐，房舍。一说庐为芦之假借。芦，芦菔，萝卜。

② 菹（zū）：腌菜。

③ 祜（hù）：福。

④ 骍（xīng）牡：红公牛。

⑤ 享：献祭。

⑥ 鸾刀：带铃子的刀。

⑦ 膋（liáo）：肠部的脂肪，即网油。

⑧ 宾之初筵，左右秩秩：宾客刚刚入席，左左右右的人均很守礼仪。筵，竹席，此处作动词用，指宾客入席。秩秩，有顺序的样子。

⑨ 笾豆有楚：笾豆整齐地成行列好。楚，排列整齐的样子。

⑩ 肴核：泛指肉类、蔬类食品及果品。

⑪ 旅：陈列。

酒既和旨[①]，饮酒孔偕[②]。

钟鼓既设，举酬逸逸[③]。

大侯既抗[④]，弓矢斯张[⑤]。

射夫既同[⑥]，献尔发功[⑦]。

发彼有的[⑧]，以祈尔爵[⑨]。

——《小雅·宾之初筵》

【按】此为描述贵族宴饮的诗，并说到酒甜耳热之后的余兴。

【译】（略）

觱沸槛泉[⑩]，言采其芹。

——《小雅·采菽》

【译】（略）

---

① 酒既和旨：酒既醇又美。和，醇和。旨，味美。

② 饮酒孔偕：谓宾客们依次遍饮。孔，很。偕，通“皆”，遍之意。

③ 举酬逸逸：有次序地往来举杯祝酒。举，献酒。酬，回敬酒。逸逸，往来有次序。

④ 大侯既抗：将大的箭靶竖起。侯，箭靶。抗，竖起。

⑤ 弓矢斯张：弓箭张开，准备射靶。

⑥ 射夫既同：射箭的人已排列好。

⑦ 献尔发功：射者显露其射箭的本领。献，逞。发，射。功，本领。

⑧ 发彼有的：指对准靶子发射。的，靶子。

⑨ 以祈尔爵：（射中目标）以求得饮酒。祈，求。爵，酒器，代酒。古代射礼，射中者饮酒。

⑩ 觱（bì）沸槛泉：指泉水奔涌而出的样子。觱沸，泉水涌出，如沸水一般。槛，借为“滥”，泛之意。

其钓维何？维鲂及鱮[1]。

维鲂及鱮，薄言观者[2]。

——《小雅·采绿》

【译】（略）

滮池北流[3]，浸彼稻田。

——《小雅·白华》

【译】（略）

幡幡瓠叶[4]，采之亨之[5]。

君子有酒，酌言尝之[6]。

有兔斯首[7]，炮之燔之[8]。

君子有酒，酌言献之。

有兔斯首，燔之炙之。

君子有酒，酌言酢[9]之。

① 鱮（xù）：鲢鱼。

② 薄言观者：看它们！薄言，起语词。者，通“诸”或“之”。

③ 滮（biāo）池北流：滮水向北流淌。滮池，古水名。在今陕西长安县西。

④ 幡幡瓠（hù）叶：指经风吹翻动不停的葫芦叶。幡幡，犹翩翩。

⑤ 亨之：烹煮瓠。

⑥ 酌言尝之：斟一杯尝尝。酌，斟酒。言，语词。

⑦ 斯首：白头。斯，白。

⑧ 炮之燔之：将白头的兔子用炮、燔的方法制作成熟。炮，将原料涂上泥巴烧烧。燔，将原料连毛上火烧熟。

⑨ 酢：回敬酒。

有兔斯首，燔之炮之。
君子有酒酌言酬[1]之。

——《小雅·瓠叶》

【译】（略）

诞实匍匐[2]，克岐克嶷[3]。
以就口食[4]，蓺之荏菽[5]。
荏菽旆旆[6]，禾役穟穟[7]。
麻麦幪幪[8]，瓜瓞唪唪[9]。
诞后稷之穑，有相之道[10]。
茀厥丰草[11]，种之黄茂[12]。

---

① 酬：同“酢”之意。

② 诞实匍匐：指周的始祖后稷诞生后长到能爬行之时。匍匐，伏地爬行。

③ 克岐克嶷（nì）：指后稷能解人意能识别事物。毛传：“岐，知意也。嶷，识也。”

④ 以就口食：能自动寻求口食。就，求。口食，食物。

⑤ 蓺（yì）之荏（rěn）菽：种植了大豆。蓺，同“艺”，种植。荏菽，大豆。

⑥ 旆（pèi）旆：形容（大豆）枝叶扬起。

⑦ 禾役穟穟：禾苗成行长得美好。役，行列。穟穟，禾苗美好。

⑧ 幪（méng）幪：茂密覆地。

⑨ 瓜瓞（dié）唪（fěng）唪：指瓜果累累。瓞，小瓜。唪唪，果实丰盛。

⑩ 诞后稷之穑，有相之道：意谓天生后稷会种植庄稼，并有帮助它们成长的方法。相，助。道，方法。

⑪ 茀（fú）厥丰草：拔除杂草。茀，治，拔除之意。

⑫ 种之黄茂：种上了优良品种。黄，嘉谷。茂，美好。

实方实苞[①]，实种实褎[②]；

实发实秀[③]，实坚实好[④]。

实颖实栗[⑤]，即有邰家室[⑥]。

诞降嘉种[⑦]：维秬维秠[⑧]，维穈[⑨]维芑[⑩]。

恒之秬秠[⑪]，是获是亩[⑫]；

恒之穈芑[⑬]，是任是负[⑭]；以归肇祀[⑮]。

---

① 实方实苞：指庄稼长得整齐而丰茂。实，语气词，有“如此”意。方，整齐。一说意同“放”。苞，丰茂。

② 实种实褎（yòu）：指庄稼又壮又高。种意与“肿”近，指禾苗粗壮。褎，指禾苗渐渐长高。

③ 实发实秀：指庄稼发育抽穗。发，指禾茎舒展地发育。秀，抽穗。

④ 实坚实好：指谷粒充实，颜色又好。

⑤ 实颖实栗：指穗芒较长谷粒繁多。

⑥ 即有邰（tái）家室：指后稷从此在邰这个地方定居，修建了宫室。传说稷佐禹有功，始封于邰。邰，在今陕西武功西南。

⑦ 诞降嘉种：意谓天上降下了良种。降，天赐。

⑧ 维秬（jù）维秠（pī）：有秬和秠。秬，黑黍。秠，黑黍的一种，一壳中有两颗米。

⑨ 穈：赤苗的谷类。

⑩ 芑（qǐ）：白苗的谷类。

⑪ 恒之秬秠：遍地种满了秠和秬。恒，通“亘”，遍。

⑫ 是获是亩：收获后堆放在田亩中。又，高亨疑亩为“耰”之假借，为除去庄稼下的烂叶之意（见《诗经今注》）。

⑬ 恒之穈芑：遍地种了穈和芑。

⑭ 是任是负：把收获的庄稼从田中抱或背回家。任，抱。

⑮ 以归肇祀：把庄稼收回家后开始祭祀上帝。肇，始。

诞我祀如何[1]？

或舂或揄[2]，或簸或蹂[3]；

释之叟叟[4]，烝之浮浮[5]。

载谋载惟[6]，取萧祭脂[7]。

取羝以軷[8]，载燔载烈[9]，以兴嗣岁[10]。

卬盛于豆[11]，于豆于登[12]，其香始升。

上帝居歆[13]，胡臭亶时[14]。

后稷肇祀，庶无罪悔，以迄于今[15]。

——《大雅·生民》

---

① 诞我祀如何：回家后怎样祭祀呢？

② 或舂或揄（yú）：把米舂好再舀出来。揄，从臼中舀米。

③ 或簸或蹂：把米簸簸、搓搓，以去掉糠皮。

④ 释之叟叟：淘米发出"叟叟"声。释，淘米。

⑤ 烝（zhēng）之浮浮：蒸饭时热气腾腾。浮浮，蒸汽上升的样子。

⑥ 载谋载惟：谋划、思考（祭祀之事）。谋，商量。惟，思考。

⑦ 取萧祭脂：取香蒿和牛、羊肠脂同烧，以祭神。萧，香蒿。脂，指牛、羊肠间的脂肪。

⑧ 取羝（dī）以軷（bá）：用羝羊进行軷祭。羝，公羊。軷，祭祀道路之神的礼仪。

⑨ 载燔载烈：指烧香蒿、脂以及烧羝羊。烈，把东西架在火上烧。

⑩ 以兴嗣（sì）岁：以求来年兴旺。嗣岁，来年。

⑪ 卬（áng）盛于豆：我把祭品盛在豆中。卬，周人自称。

⑫ 登：瓦制食器。亦作盛祭品用。

⑬ 上帝居歆：上帝安然享受。

⑭ 胡臭亶时：浓烈的香气实在好闻。胡，大。臭，气味。这里指香味。亶时，实在不错。

⑮ 后稷肇祀，庶无罪悔，以迄于今：自后稷为周人始创祭祀上帝以来，基本上没有发生过获罪于天、遗憾于心的事，一直到如今。庶，庶几。迄，至。

【按】《生民》是周代的史诗，述其始祖后稷诞生的种种传说，全诗共八章，此处选注后五章，歌颂其播种五谷，教民生产的功德。

【译】（略）

肆筵设席，授几有缉御[①]。
或献或酢[②]，洗爵奠斝[③]。
醓醢以荐[④]，或燔或炙。
嘉肴脾臄[⑤]，或歌或咢[⑥]。

——《大雅·行苇》

【按】《行苇》是描写贵族们宴饮、较射、祭神、祈福的诗。此处为有关宴会的部分。

【译】（略）

迺裹糇粮[⑦]，

① 肆筵设席，授几有缉御：铺陈筵席，摆在几上，还有人侍候。肆，陈；铺。筵，席。几，筵席上放置酒肴的矮桌。缉，犹续。御，侍。

② 或献或酢：有的敬酒有的回敬。酢，取酒回敬。

③ 洗爵奠斝（jiǎ）：洗酒杯敬酒，客人饮后，再将酒杯置几上。爵、斝，均是古代的饮酒器。奠，置。

④ 醓（tǎn）醢（hǎi）以荐：供上了多汁的肉酱。醓，多汁的肉酱。醢，肉酱。

⑤ 嘉肴脾臄（jué）：好菜有牛胃和牛舌。脾，通“膍（pí）”，牛胃。臄，牛舌。

⑥ 或歌或咢（è）：有的唱歌，有的帮腔。咢，帮腔。一说为击鼓。

⑦ 迺（nǎi）裹糇粮：于是把干粮包裹好。迺，同“乃”。糇粮，干粮。

于橐于囊[1]。

——《大雅·公刘》

【译】（略）

韩侯出祖[2]，出宿于屠[3]。
显父饯[4]之，清酒百壶。
其肴维何？炰鳖鲜鱼。
其蔌[5]维何？维笋及蒲。
其赠维何？乘马路车。
笾豆有且，侯氏燕胥[6]。

——《大雅·韩奕》

【按】《韩奕》是歌颂韩侯的诗，共六章，此其第三章，述韩侯去镐京（周），路过屠邑，显父为他祖饯的情景。

【译】（略）

丰年多黍多稌[7]。

① 于橐（tuó）于囊：（将干粮）装进小袋和大袋。橐，小袋。囊，大袋。

② 出祖：外出祭路神。祖，祭祀路神。一说祖借为徂（cú），往的意思。

③ 出宿于屠：中途在屠地上歇。屠，地名。可能是显父的封邑。

④ 饯：饯行。

⑤ 蔌（sù）：蔬菜。

⑥ 笾豆有且，侯氏燕胥：食器很多，诸侯皆参加宴会。且，多貌。燕，宴。胥，皆。

⑦ 稌（tú）：稻。一说专指糯谷。

亦有高廪[①]，万亿及秭[②]。

为酒为醴，烝畀祖妣[③]，

以洽百礼[④]，降福孔皆[⑤]。

——《周颂 · 丰年》

【按】《丰年》是记述周成王时，秋后五谷丰登，祭祀祖先，祈降福祉的诗。

【译】（略）

猗与[⑥]漆沮[⑦]，潜[⑧]有多鱼。

有鳣有鲔[⑨]，鲦[⑩]鲿鰋鲤。

以享以祀，以介景福[⑪]。

——《周颂 · 潜》

【按】此是周王献鱼、祭祖、祈福的诗。

【译】（略）

---

① 廪：米仓。

② 万亿及秭（zǐ）：谓稻谷的数量极多。亿、秭，均为数目，秭的具体数量不详。

③ 烝畀（bì）祖妣（bǐ）：献给各代男女祖先。烝，献。畀，给予。祖妣，先祖先妣。

④ 以洽百礼：指使祭祀符合各项礼节的规则。洽，合。

⑤ 降福孔皆：祖先降福遍及后裔。孔，很。皆，遍。

⑥ 猗与：叹词，犹“猗兮”。

⑦ 漆沮：两者都是陕西境内水名。

⑧ 潜：藏在水中。一说，潜读为“槮”。槮，积柴于水中，使鱼窒息以便捕捉。

⑨ 鲔（wěi）：鱼名。似鲤。

⑩ 鲦（tiáo）：又名白条鱼。

⑪ 以介景福：以求得到大福气。介，此有乞求之意。景，大。

有駜[1]有駜，駜彼乘黄[2]。

夙夜在公[3]，在公明明[4]。

振振鹭[5]，鹭于下[6]。

鼓咽咽[7]，醉言舞[8]。

于胥乐兮[9]。

有駜有駜，駜彼乘牡[10]。

夙夜在公，在公饮酒。

振振鹭，鹭于飞。

鼓咽咽，醉言归。

于胥乐兮。

有駜有駜，駜彼乘駽[11]。

夙夜在公，在公载燕。

---

① 駜（bì）：马肥壮力强。

② 乘黄：用四匹黄马拉车。乘，四马为乘。黄色的马。

③ 公：办公的地方。

④ 明明：勉也，努力貌。

⑤ 振振鹭（lù）：鹭群飞的样子。一说鹭为一种持鹭羽的舞蹈。

⑥ 鹭于下：鹭向水边飞去。一说舞者仿鹭蹲下。

⑦ 鼓咽咽：鼓声富有节奏之意。

⑧ 醉言舞：醉后而起舞。

⑨ 于胥乐兮：大家都很快乐之意。胥，皆。

⑩ 牡：公马。

⑪ 駽（xuān）：青黑色的马。

自今以始岁其有[1]，君子有穀[2]诒[3]孙子。

于胥乐兮。

——《鲁颂·有駜》

【按】《有駜》记述了贵族公毕退食饮宴的情状。

【译】（略）

思乐泮水[4]，薄采其茆[5]。

——《鲁颂·泮水》

【译】（略）

牺尊将将[6]，毛炰胾羹[7]，笾豆大房[8]。

——《鲁颂·閟宫》

【译】（略）

---

① 有：丰收。

② 穀：俸禄。一说善。

③ 诒：通“贻”。留给之意。言贵族有禄位可留给子孙。

④ 泮（pàn）水：古时学宫前的水池。学宫旧称泮宫。

⑤ 茆（mǎo）：莼（chún）菜。

⑥ 牺尊将将：牛形铜酒器碰击得锵锵作响。牺尊，古代铜质牛形酒器。将将，通“锵锵”，为器四相碰声。

⑦ 毛炰胾（zì）羹：连毛烧熟的肉以及肉羹。毛炰，连毛烧烤的肉。胾，切块的肉。羹，浓肉汤。

⑧ 大房：盛大块肉的木格。一说为玉饰的俎。

《周礼》选注

《周礼》亦称《周官》或《周官经》，是先秦儒家诸经书中出世最晚的一种，是战国时代之作。由于这本书是搜集周王室官制汇编而成的，而时移事易，旧章多不可循，窜入后世之法，势所必然，其不必尽出于周公，可以无疑。其中《天官冢宰》《春官宗伯》等篇，颇涉周王室和战国时代各国的饮馔官司制度，是研究古代烹饪史的可贵资料，因择要注释之。

膳夫①，上士②二人③、中士四人、下士八人，府二人，史四人④，胥十有二人，徒百有二十人⑤。

……

① 膳夫：官名，主管周王饮食的长官。掌王的食、饮、膳、馐的事务，也称作宰夫、膳宰，名称不同，官职则一。所谓长官，指领导庖人、内饔（yōng）、外饔、亨人的职官。

② 士：古爵位称号。周朝官吏的爵位共分七等。即公、卿、中大夫、下大夫、上士、中士、下士。但没有上大夫。

③ 二人：指该官属人数，下同。

④ 府二人，史四人：是膳夫自选用的属员人数，没有爵位，是从平民里选出有才艺的人来供使用的。府，掌管财、物收藏的事，即管仓库的人。史，替膳夫记账，写菜单，管文书的记录。

⑤ 胥十有二人，徒百有二十人：胥、徒是从平民征调而来，供公家徭役的人。他们的职位又低于府、史。

膳夫，掌王之食[1]、饮[2]、膳[3]、羞[4]，以养三及后[5]、世子[6]。

凡王之馈[7]，食用六谷[8]；膳用六牲[9]，饮用六清[10]，羞用百二十品[11]，珍[12]用八物，酱[13]用百有二十瓮[14]。王日一举[15]，

---

① 食：米，饭食。指用六谷所做的饭食。

② 饮：指供王饮用的酒浆、饮料。

③ 膳：牲畜的肉。

④ 羞：馐。供应给王的珍味，指肉、菜、果之类。

⑤ 后：皇后，帝王的妻子。

⑥ 世子：天子、诸侯正妻所生的长子。

⑦ 馈（kuì）：进食物于尊长。与“献”同。

⑧ 六谷：郑司农云：“六谷，稌、黍（shǔ）、稷、粱、麦、苽（gū）。”黍，黍子，碾成米叫黄米。稷，古代的一种粮食作物，说是黍属，一说是粟（谷子）。稷，黏者为黍，不黏者为稷。粱，粟的优良品种的统称。苽，同“菰”，是一种多年生草本浅水植物，今称茭白，籽实可以吃。

⑨ 六牲：牛、羊、豕、犬、雁、鱼，这是六膳所用的牲畜。牧人掌祭祀鬼神时所用的六牲，是马、牛、羊、豕、犬、鸡。

⑩ 六清：指水、浆、醴、醇（liáng）、医、酏（yǐ）六种。

⑪ 羞用百二十品：指天子膳食所加的许多珍味，共用一百二十品，已不能说清这些物品的名称。这是在燕食的时候的加馔，所以珍味特别多。

⑫ 珍：八珍。据郑注《礼记·内则》谓八珍是：淳熬、淳母、炮豚、炮牂（zāng）、捣珍、渍、熬、肝膋等八种烹调方法。

⑬ 酱：指醯、醢。

⑭ 瓮（wèng）：陶制容器。

⑮ 举：指杀牲为盛馔。王日一举，朝食盛馔饭食，一日有三次进餐，同吃一举，日中食，与日夕食，都吃朝食的剩余。

鼎[1]十有二[2]，物[3]皆有俎[4]。以乐侑食[5]。

——《天官冢宰》

【译】主持天子饮、膳的官长叫膳夫（爵位为士）。共有上士二人、中士四人、下士八人。其属下，有府二人，史四人，还有以平民充徭役的胥十二人、徒一百二十人。

……

膳夫，掌管天子、王后、太子所饮用的酒、浆、牲畜的肉类和有滋味的珍贵食物。

凡供奉天子的饭食，用六种谷物来制作；供应的肉味，有六种不同的牲畜；饮用的有六种不同的水浆；珍味美肴共有一百二十种；有八种不同的酱类和调味物品。天子每天三餐，所用的鼎具有十二个，盛载菜、肉的俎具也有十二个。在进餐的时候，还要演奏乐曲，以劝天子多进食。

---

① 鼎：古器名，三足、两耳，陶或青铜制。用作烹饪工具，或用来盛载肉食。

② 十有二：孔疏云：聘礼牛一、羊二、豕三、鱼四、腊五、肠胃六、肤七、鲜鱼八、鲜腊九，是鼎九；又有陪鼎，膷一、肿二、膮三，合为十二。

③ 物：鼎、俎里所盛之物。指牛、羊、豕之类。鼎有十二个，俎也是十二。

④ 俎：盛肉的盘具。

⑤ 以乐侑食：侑字当作“宥（yòu）”。宥，本意宽解，假借作劝助解。天子曰进食，杀牲盛馔，必奏乐来助食。

庖人[①]，掌共六畜[②]、六兽[③]、六禽[④]，辨其名物[⑤]。凡其死、生、鲜[⑥]、薨[⑦]之物，以共[⑧]五之膳，与其荐羞之物及后、世子之膳羞。

——《天官冢宰》

【译】庖人，主管供应天子膳食所需的肉味，肉的品种有马、牛、羊、豕、犬、鸡这六种家畜；有麋、鹿、熊、麇、野猪、兔六种野味；有雁、鹑、鷃、雉、鸠、鸽六种禽鸟。庖人对于这些家畜、野味，都要能知道他的名称、品种类别、色泽好坏，将这一切刚杀的和杀后干制的食材来供给天子、王后、太子作为膳食和必备的美味。

① 庖人：掌天子膳馐时供应肉食的官。又叫庖正。

② 六畜：为马、牛、羊、豕、犬、鸡。畜，家养的禽兽。

③ 六兽：如麋（也叫驼鹿或犴）、鹿、熊、麕（jūn，也写作麇，獐子）、野猪、兔。兽，是指野外猎获的动物。

④ 六禽：雁（鹅）、鹑（鹌鹑）、鷃（yàn，鹌，身上无斑纹的叫鹌，身上有斑纹的叫鹑，两种体形相似，故总称为鹌鹑）、雉（野鸡）、鸠、鸽。禽，飞鸟。

⑤ 辨其名物：辨别六畜、六兽、六禽的名称、种类和羽毛色泽。

⑥ 鲜：活的新杀的为鲜。

⑦ 薨（kǎo）：杀后再干制是薨，如干肉、干鱼。

⑧ 共：同“供”，供献，供给。

内饔[①]，掌王及后世子膳羞之割[②]、亨、煎[③]、和[④]之事。辨体名[⑤]肉物[⑥]，辨百品味之物[⑦]。

王举[⑧]，则陈其鼎俎[⑨]，以牲体实之[⑩]。

选[⑪]百羞[⑫]酱物[⑬]珍物[⑭]以俟馈[⑮]。共后及世子之膳羞。

辨腥、臊、羶、香之不可食者[⑯]。牛夜鸣，则庮[⑰]；羊泠

---

① 内饔：掌管王、后、世子的饮食和宗庙祭祀的官。

② 割：解剖羊、猪等牲体的肉、骨。

③ 煎：有汁，熬之使干。

④ 和：调和，用甘、酸、辛、苦、咸五味调制食物。

⑤ 体名：指牲畜体各部位的名称。有脊、胁、肩、臂、臑（rú）等部位名称。牲畜解为七体，猪解为二十一体。

⑥ 肉物：指皮、舌、心、肺、肠、胃、肝等。

⑦ 百品味之物：膳夫所供王食的有滋味的庶馐一百二十品，此说“百品味”，举整数而言。

⑧ 举：谓宰杀牲畜，制成丰盛的馔肴。

⑨ 陈其鼎俎：古代把牲体分解后，在一种叫镬（huò，大于鼎而无足）的大锅盆里将肉、鱼或干肉煮熟，然后用勺从镬里取出，放在鼎里或俎上。

⑩ 实之：放进去。

⑪ 选：择。

⑫ 羞：指庶馐一百二十种。

⑬ 酱物：指一百二十种酱品。

⑭ 珍物：指八珍之类。

⑮ 俟：等待。内饔在天子进食之前，先选择珍美馐酱等中（zhōng）主爱好的食品，准备好，等待天子进食时选用。

⑯ 辨：别。饔人要辨别有病的牲禽，其肉食之害人，故不能作膳馐之用。腥、臊（sāo）、羶（shān）、香四者指豕、犬、羊、牛。

⑰ 牛夜鸣，则庮（yóu）：牛没事而在夜间嘶叫，必是病牛，病牛肉不可食。庮，病。

毛而毳[①]，羶；犬赤股而躁，臊[②]；鸟皫色而沙鸣，貍[③]；豕盲眡而交睫，腥[④]；马黑脊而般臂，蝼[⑤]。

……

凡掌共羞[⑥]、脩[⑦]、刑[⑧]、膴[⑨]、胖[⑩]、骨[⑪]、鱐[⑫]以待共膳。

——《天官冢宰》

【译】内饔（掌饮食的职官），主管天子、王后、太子膳食的切割、烹煮、煎熬和调和五味的事务。

---

① 羊冷（līng）毛而毳（cuì）：冷，指细毛脱落，仅存稀零的长毛。毳，毛头结聚，纠绕不柔顺，这两种是病羊的现象，肉味必羶，不可食用。

② 犬赤股而躁，臊：赤股，股里毛脱落，露出赤红的肉色，是病状。躁，犬有病，其行走举动又燥急。臊，肉腥臭的气味。这种病犬肉不可食用。

③ 鸟皫（piāo）色而沙鸣，貍（yù）：皫色，指鸟的羽毛变色而无润泽。沙鸣，指鸟鸣叫时，其声嘶哑。鸟类如有这种病态，它的肉味必不正，不可食用。貍，腐臭味，《礼记·内则》作"鬱（yù）"。

④ 豕盲眡（shì）而交睫，腥：盲眡，头仰望的形状。交睫，指眼疲乏无力，上下两睫毛交合在一起，眼睁不开，是有病的现象。腥，指猪肉里有如米或星的息肉。这种病猪肉不可食用。

⑤ 马黑脊而般臂，蝼：黑脊，指马的脊背皮呈黑色。般臂，指马前胫上毛文变色有斑纹。蝼，漏孔，有疮成漏孔，且气味臭恶。这种病马肉不可食用。

⑥ 羞：庶馐一百二十品。

⑦ 脩（xiū）：锻脯，是加姜、桂，椎捣加工制成的一种干肉。

⑧ 刑：夹脊肉，一说是和羹菜的肉。

⑨ 膴（hū）：大块、去骨的干肉。

⑩ 胖：胁侧薄肉。胖有片意，切肉成片。又一说是薄切的干脯。但不像脯那样干。

⑪ 骨：牲畜骨体，脊、胁之属。带肉的骨。

⑫ 鱐（sù）：干鱼。

他要能辨认畜肉体的部位名称，以及皮、舌、心、肺、肠、胃、肝等肉食。要辨认供给天子的一百二十种的珍馐美味。

天子进食丰盛馔肴的时候，将鼎、俎按一定位置摆设好，在大镬里面把切好的肉煮熟，然后盛在鼎里或放在俎上，供天子食用。

他要事先把一百二十种的庶馐、一百二十种的酱品和八珍等天子所爱好的美味食品准备好，等待天子、王后和太子用膳时选用。

他要辨别牲禽肉物的好坏。观察牛、羊、豕、犬、鸡的外表，看它是否有病状，检查肉质气味的鲜臭。于人有害的牲、禽就不作膳馐之用。

有病的牛、羊、犬、马、禽鸟，是不可以食用的。从外表上就要先加以区别判断。如牛在夜间无故嘶叫不安，这样的牛必定有病，病牛肉是不可以食用的。羊的身上细毛脱落了，仅剩下稀零的长毛，而毛头又纠结在一块，这种羊，它的肉味必膻臭，不可以食用。狗屁股是赤红的肉色，毛已脱落，而性又狂躁，这种狗肉必有恶臭味，不可以食用。鸟类的羽毛颜色毁变、毫无光泽，鸣叫的声音又是嘶哑的，这种病禽，是不可以食用的。猪如果是眯着两眼、疲乏无神、仰着头来看东西，就是有病的样子，从肉里可以看出有像星星或米粒的息肉，这种猪肉是不可以食用的。马背脊发黑，前两脚上有斑迹，还可以看到有溃烂漏孔的地方，这是病马，不可食用。

……

他还要准备七种牲禽的不同肉物，如一百二十种的珍馐，加了姜、桂调好味的干肉，和了菜羹的夹脊肉，去骨的大块干肉，薄切成片的半干肉，脊骨、腿骨和干鱼。等待天子、王后、太子用膳时选用。

外饔[①]，掌外祭祀之割、亨。共其脯、脩、刑、膴。陈其鼎、俎，实之牲体、鱼、腊[②]。

——《天官冢宰》

【译】外饔，是王室掌管祭祀、宴宾等外事时供应膳食肉物的官员。为天子祭祀或宴宾供应所需用的脯、脩、刑、膴这些肉物。按一定位置摆设鼎和俎，把烹煮好了的牲体肉物、鱼和干肉，盛放在鼎里和俎上待用。

亨人，掌共鼎、镬[③]，以给水、火之齐[④]。职外。内饔之

① 外饔：掌管外祭祀、大宴、出师征伐及巡狩田猎等酒宴的官。

② 腊（xī）：晒干的肉。用牲、兽的肉，分解成条或片，干制而成。

③ 镬（huò）：用以煮肉及鱼、腊的器具。镬，比鼎大而无脚。鱼、腊熟了之后，才盛于鼎内。

④ 齐（jì）：为水、火用多少的量。烹煮肉物，有的肉汁要多，有的要少，这是用水多少的剂量。肉物有的要烂，有的只熟了即可，这是用火大小、时间长短的量。

爨[①]、亨、煮。辨膳、羞之物[②]。

祭祀共大羹[③]、铏羹。

——《天官冢宰》

【译】烹人（掌管饮食的职官），他主管替内饔、外饔两食官备办大锅——镬和鼎，烹煮鱼、肉。烹煮时，要掌握用水量的多少，火的大小和时间长短。要认清膳夫食官所需用的六牲和珍味物，并将这些烹熟煮好，备用。

天子祭祀的时候，要供给有一种不加盐和菜的肉汤，以及用五味调和了的羹。

兽人[④]，冬献狼[⑤]，夏献麋[⑥]，春秋献兽物[⑦]。凡兽入于腊人[⑧]。皮、毛、筋、角入于玉府[⑨]。

——《天官冢宰》

① 爨：灶。为内、外饔人主管用灶烹煮牲体和鱼、腊等。

② 辨膳、羞之物：指要辨别膳夫所需用的六牲，一百二十种的珍物。对于这些，烹人都应烹熟煮好备着。

③ 大羹：不加盐和菜的肉汤。

④ 兽人：捕鸟、兽的人。掌供野兽作为膳食的官吏。

⑤ 冬献狼：因狼的油膏性温。故用狼胸中的油脂来煮粥，可以补救季节的寒苦。

⑥ 夏献麋：麋鹿的油脂性凉，故宜夏日季节取用。

⑦ 兽物：指春、秋季节可以进献的兽很多，故不具体指出野兽的名称。

⑧ 凡兽入于腊人：指兽人所猎获的野兽要送到职官腊人那里，制成脯或腊以后，再送到膳府供食用。

⑨ 皮、毛、筋、角入于玉府：兽人所得禽兽的皮、毛、筋、角，择其可以作为器物材料的，就送到职官玉府那里去，以制作器物。

【译】兽人（掌管猎获野兽的职官），在不同季节里猎取野兽。献给天子作为膳食和皮毛服饰的材料。冬天供应狼的脂膏给天子的膳夫作为烹煮浓粥之用。夏天供应麋鹿、春秋供献各种猎获的野兽，包括衣着用的毛皮兽。狩猎所获已杀死的兽物，就送到职官腊人那里，让他干制成为脯或腊，再送到天子的膳府以供食用。野兽身上的皮、毛、筋、角挑选后，送到职官玉府处用作服饰。

渔人[①]，春献王鲔[②]，辨鱼物为鲜[③]、薨，以供王膳。

——《天官冢宰》

【译】渔人（掌管捕鱼的官），在春季向天子献大鲔。分别鱼类为新鲜活鱼和干鱼两种，送到职官膳夫那里，作为天子膳食。

鳖人[④]，掌取互物[⑤]，以时簎[⑥]鱼、鳖、龟、蜃[⑦]，凡狸

① 渔人：掌捕鱼的官。

② 王鲔：鲔，鳣属，大的叫王鲔，小的叫鮛（shū）鲔。鲔，形似鳣，色青黑，头小而尖，口在颔下，大的约七、八尺，肉色白，产于江河及近海的深水中。

③ 鲜：活鱼。

④ 鳖人：职官鳖人掌供应有甲壳的水产。鳖，有甲壳的水产物。

⑤ 互物：有甲壳的动物。如龟、鳖、蚌、蛤之属。互，相对之意，甲壳动物上下两甲壳相当，四周闭合，所以称互。

⑥ 簎（cè）：用叉刺取泥中的鱼。

⑦ 蜃（shèn）：蛤蜊。

物[1]。春献[2]鳖、蜃，秋献龟、鱼。共蠯[3]、蠃[4]，蚳[5]以授醢人。

——《天官冢宰》

【译】鳖人（掌管捕捉甲壳类动物的职官），按季节用叉刺取水下泥沙里潜伏的龟、鳖、蚌、蛤之类以及其他潜藏在泥沙里的动物。春天献鳖、蜃，秋天献龟、鱼。还供应长蛤、水螺、蚁卵给称作醢人的职官。

腊人[6]，掌干肉。凡田兽之脯[7]、腊、膴、胖之事。

——《天官冢宰》

【译】腊人，是掌管晒制干肉事务的职官。凡是狩猎或饲养的兽畜，不论是新杀的鲜肉，还是死兽的生肉，都分解成若干大块，切成条状、片状，制干后再烹煮熟。

① 貍物：藏伏于泥沙中之物。指龟鳖以外的蚌、蛤之类。

② 春献：埋藏在泥沙中的蜃、龟等，必在水浅之时方可用叉刺取，故可在春秋时叉刺获取之。

③ 蠯（pí）：也写作“廛”。狭而长的一种蚌，长三四寸，阔五分，形状如刀，故又叫作马刀。又有马蛤、齐蛤、蚍（pí）、螃蛢（bìng）等名称。

④ 蠃（luǒ）：“螺”的本字。

⑤ 蚳（chí）：蚁卵，古时用以作酱。

⑥ 腊（xī）人：职掌将田猎牲畜的肉加工制干的事。

⑦ 脯：肉干。脯或成条状，或作片块。

食医[①]。掌和王之六食[②]、六饮[③]、六膳[④]、百羞[⑤]、百酱[⑥]、八珍[⑦]之齐[⑧]。

凡食齐视春时，羹齐视夏时，酱齐视秋时，饮齐视冬时[⑨]。

凡和，春多酸，夏多苦，秋多辛，冬多咸，调以滑甘[⑩]。

① 食医：掌天子饮食调和剂量的职官。

② 六食：膳夫所供天子食用的六谷（稌、黍、稷、粱、麦、苽），膳用六牲（马、牛、羊、豕、犬、鸡）。

③ 六饮：膳夫所供天子饮用的六清（水、浆、醴、醇、医、酏）。

④ 六膳：下文之牛、羊、豕、犬、雁、鱼。

⑤ 百羞：膳夫所供天子的一百二十种美味。

⑥ 百酱：膳夫所供天子的一百二十种酱。

⑦ 八珍：膳夫所供的八种珍肴。

⑧ 齐（jī）：用盐、梅调和食物的味道。调和时必掌握分量多少的不同。

⑨ 凡食齐视春时，羹齐视夏时，酱齐视秋时，饮齐视冬时：这四句是论述调和饮食的寒热温凉的剂量。饮食的冷热调和应四季常温。羹菜的调和四季宜热，因羹都有汁，须热食。酱味指醢醯之属，四季都可凉食，不必加温。饮，指六饮水浆之类，六饮都是用水调和，以寒为上，可冷饮。此用四季的气候温凉寒热来比拟饮食的冷热。

⑩ 凡和，春多酸，夏多苦，秋多辛，冬多咸，调以滑甘：这五句是论述调和五味多少的剂量的。春天酸味应略多于他味。夏天苦味应略多于他味。秋天辛味应略多于他味。冬天咸味应略多于他味。滑，用米粉和菜叫滑。作用是使食物柔滑。犹似今在菜食里勾芡。甘味，四时调味都可用。

凡会膳食之宜，牛宜稌[①]，羊宜黍[②]，豕宜稷[③]，犬宜粱，雁宜麦[④]，鱼宜苽[⑤]。

——《天官冢宰》

【译】食医，掌管天子膳食调和剂量的医官。凡是天子的六食、六饮、六膳、百馐、百酱、八珍的调和，必须相成相宜。

饭食四季宜常温，不冷不热有如春天的气候；各种羹汤应热食，有如夏天的炎热；酱四季都可凉吃，故用秋时作比；饮品中都应冷食，故用冬日气寒作比。

调和五味，春天酸味宜多，夏天苦味宜多，秋天辛味宜多，冬天应多一点咸味，至于甘甜的味道四时都可以用它。

凡是膳食，都要配合相宜，使成美味。牛肉宜与稌稻配合，羊肉宜与黄米配合，猪肉宜与高粱相配，狗肉宜与小米配合，雁鹅宜与小麦相配，鱼肉宜与菰米相配。

① 牛宜稌：牛味甘平，稻味苦而性温，甘苦调和、相辅相成。

② 羊宜黍：羊味甘热，黍味苦温。也是甘苦调和，二味相成。黍，今之黄米。

③ 豕宜稷：公猪味酸，母猪味苦，稷米味甘而性微寒，也是气味相成。稷，今之高粱。

④ 雁宜麦：大麦味酸而性温，小麦味甘性微寒，也是气味调和相成。雁，鹅。鹅味甘平。

⑤ 鱼宜苽：鱼味寒。鱼的族类很多，寒热酸苦四味兼有，这里说宜苽，或同是在水中生长，气味相宜。这是据贾逵之说。苽，同“菰”。古六谷之一种，生长于水泽里。夏秋之间结实如米，叫菰米。

酒正[①]，掌酒之政令[②]，以式法[③]授酒材[④]。

辨五齐[⑤]之名，一曰泛齐[⑥]，二曰醴齐[⑦]，三曰盎齐[⑧]，四曰缇齐[⑨]，五曰沈齐[⑩]。

辨三酒[⑪]之物，一曰事酒[⑫]、二曰昔酒[⑬]、三曰清酒[⑭]。

---

① 酒正：酒官之长。酒正以下有酒人、浆人、凌人、笾人、醢人、醯人、盐人、幂人等八个官职，都是掌天子饮食膳馐的官。

② 掌酒之政令：指供应王、后、世子、祭祀、宾客、士庶、耆老等饮用和颁赐的酒，以及用书契授与老臣的酒，这都有尊、卑、多、少的法令，酒正掌管此事。

③ 式法：指做酒的程式。做酒要有米、麹的比例数量，以及出酒的快慢和好坏的技巧。《汉书·平当传·如淳注引汉律》："稻米一斗得酒一斗是上等，稷米一斗得酒一斗是中等，粟米一斗得一斗是下等"。用米不同，出酒的好坏也不同。

④ 酒材：指制酒用的米和麹糵。

⑤ 五齐：五种有滓未澄清的酒。酒味较薄。

⑥ 泛齐：属甜酒，但酒汁稍浊。泛，浮。

⑦ 醴齐：酒制成，酒汁和滓相等。醴酒，酿造一宿即成，有酒味而已，属甜酒。

⑧ 盎齐：甜酒，浊而微清。

⑨ 缇齐：酒色赤红像丝织品的缇。比盎齐更清些。

⑩ 沈齐：酒酿成后，浊滓沉下，清汁在上。比盎齐、缇齐更清。沈，通"沉"。（注：以上五齐都是用稻、粱、黍三米制成的有滓的浊酒。味都薄于酒。）

⑪ 三酒：是三种已经渗滤糟滓的酒。它和五齐不同。齐酒多用于祭祀，三酒供人饮用，酒味厚。三酒之物，是指酒的种别。

⑫ 事酒：有事临时酿造的酒。

⑬ 昔酒：昔，谓久也。此酒，久酿才熟，故用昔为名。酒较清，冬酿春熟。

⑭ 清酒：此酒比昔酒酿造时间更长，冬酿至仲夏始熟。酒色更清于昔酒，故以清酒为名。

辨四饮之物，一曰清[①]，二曰医[②]，三曰浆[③]，四曰酏[④]。

掌其厚薄之齐[⑤]以供王之四饮、三酒之馔[⑥]及后、世子之饮与其酒。

【译】酒正，是主造酒、用酒的长官，掌管用酒时的尊卑差别，酒量多少，依据规定数量供给酒人、浆人原材料，按时酿造。

酒正，要辨别五齐的品名，一是上面有浮糟汁稠浊而味甜的泛齐；二是酒汁和糟各半、味甜的醴齐；三是酒色稠浊，而汁稍清而甜的盎齐；四是酒呈赤红的缇色，而汁比盎齐更清有甜味的缇齐；五是酒糟渣下沉，清汁上泛，酒汁更清而甜的沈齐。

酒正，要辨别三酒的品种差别。一是有事急需，临时酿造的事酒；二是酒色较清，冬酿春熟的昔酒；三是冬酿夏熟而酒色更清的清酒。

酒正，还要辨别四饮的差异。一是醴齐滲滤糟渣的

① 清：五齐中的醴齐经滤过糟滓后，酒汁较清，所以叫清。

② 医：将米煮成粥，然后加入麴糵，酿之成酒。煮米成干饭所酿的酒叫醴。煮米成稀粥所酿的酒叫酏（yǐ）。因粥含水多，所以汁又比醴清。因醴酒可以治病，故用医为名。

③ 浆：亦是酒类，但味稍酸。

④ 酏：黍酒，味甜。《贾注》：“酏，是粥而清，稀薄的粥，水在上。饮此清者。”

⑤ 掌其厚薄之齐：从五齐以下四饮、三酒，都是酒人、浆人所酿造的，酒正不管造作，只查辨酒味的厚薄浓淡。

⑥ 馔：天子用饮时，三酒、四饮都具备，才称馔。

"清"； 二是以米饭酿成，可以治病的"医"；三是稍带酸味适应人体寒温的"浆"；四是用稀粥酿成而味甘的"酏"。

这五齐、四饮、三酒，酒正都要查辨酒味的浓淡厚薄。经过查验之后，才将它供给天子、王后、太子饮用。

酒人，掌为五齐、三酒。

浆人，掌供王之六饮，水、浆、醴、䣼[①]、医、酏，入于酒府。

——《天官冢宰》

【译】酒人（是次于酒正的属官），具体主管酿造五齐、三酒的事务，供应天子膳饮。

浆人，主管制作天子所用的六种饮料，即水、浆、醴、䣼、医、酏，并要送到酒正那里储存起来。

凌人[②]，掌冰，正岁[③]十有二月，令斩冰[④]。三其凌[⑤]，

---

① 䣼：用水渗淡了的酒，味薄不纯。

② 凌人：掌藏冰、用冰的职官。凌，藏冰的屋。古代在冬季大寒时，湖泽冰冻深厚，凿冰藏于阴凉洞室里待用。

③ 正岁：夏时的正月。夏正建寅之月，为一岁十二月之长，故称为正岁。《尔雅·释天》：夏曰岁，商曰祀，周曰年。

④ 斩冰：冰坚硬，敲、凿、斩、伐才可取得。斩，伐。

⑤ 三其凌：凿冰藏储必防消融，故应三倍其数。

春[①]始治[②]鉴[③]。

凡外、内饔之膳羞鉴焉，凡酒浆之酒醴亦如之。

——《天官冢宰》

【译】凌人，掌管藏冰、用冰，在夏历十二月开始伐取天然冰块。按所需数量的三倍进行伐取。春天就要准备、检查需用的盛冰器具。

将冰送到掌管天子膳食的内饔、外饔职官那里，供储藏天子的膳馐。此外，还将冰块送给主管天子酒、醴饮料的酒人、浆人那里供储藏酒类之用。

笾人，掌四笾[④]之实。

朝事之笾[⑤]，其实麷[⑥]、蕡[⑦]、白[⑧]、黑[⑨]、形盐[⑩]、膴、鲍[⑪]、鱼鱐。

---

① 春：指夏正二月至四月。古代在夏正二月开启冰室，在夏正四月才用冰。

② 治：准备，安排孟春月对所需用到的器具事先预备、检查，防有缺漏，不堪使用。

③ 鉴：盛冰器。

④ 四笾：下文朝事、馈食、加笾、馐笾之实四种。

⑤ 朝事之笾：指天子在清晨，未早食前，先进饼饵之笾。饼饵，是用蜜调水所做的面食。

⑥ 麷（fēng）：干炒的麦米。

⑦ 蕡（fén）：麻的子实，干煎、炒制之。

⑧ 白：稻称白。炒、煎熟。

⑨ 黑：黍称黑。炒、煎熟。

⑩ 形盐：将盐压铸成虎形。

⑪ 鲍：烤干的鱼。

馈食之笾[①]，其实枣、栗、桃、干穣[②]、榛[③]实。

加笾之实[④]，菱[⑤]、芡[⑥]、栗、脯[⑦]。

羞笾[⑧]之实，糗饵[⑨]、粉餈[⑩]。

——《天官冢宰》

【译】笾人，掌管四种馈食竹笾所盛放的食物。

天子清晨早食前所进用的米、麦饼等类食物，有干炒米、麦，有干炒麻子的果实，有炒熟的稻、黍米，有粗、细盐，有切成大块的生鱼肉，有烤干了的鱼，有切成小块的干鱼。一共八种，各自盛放在竹笾里。

在馈食进用黍米饭时，所进用的竹笾实物有枣子、栗子、桃干、梅干、榛的子实。

在正献之后，所另加的竹笾有菱角、鸡头、栗子、干

---

① 馈食之笾：进熟黍、稷时所用的笾。

② 干穣（lǎo）：干梅。《大戴礼记·夏小正》云：五月煮梅，六月煮桃，为豆实也，此称豆。笾、豆通称。

③ 榛：栗的属类之一。似栗而小，味和栗相似。

④ 加笾之实：指在正献之后所加的笾豆。

⑤ 菱：水中有角、有硬壳的果实，今叫菱或菱角。

⑥ 芡：水中果属，一名鸡头。

⑦ 菱、芡、栗、脯：这四物重举其名，是因为这四种每种各盛二笾，合为八笾，以应笾、豆偶数。

⑧ 羞笾：也是在正献之后所加的笾豆。

⑨ 糗饵：用米麦粉混合蒸成的糕饼。糗，炒熟的米麦等谷物。有捣成粉的，有不捣成粉的。饵，糕饼。

⑩ 粉餈（cí）：是用米、麦粉和水蒸成的饼。餈，也写作粢，稻米饼。

肉，这四种物品，每种各盛两个竹笾，是八笾。

另外又有一道加笾叫馐笾，里面装盛干炒米、麦制成的糕饼和米、麦粉制成的饼饵。

醢人[①]，掌四豆之实：朝事之豆，其实韭菹[②]、醓醢[③]、昌本[④]、麋臡[⑤]、菁菹[⑥]、鹿臡[⑦]、茆[⑧]菹、麇臡[⑨]。

馈食之豆，其实葵菹[⑩]、蠃醢[⑪]、脾析[⑫]、蠯醢[⑬]、蜃、蚳

① 醢人：掌豆中盛放食物的官，进四豆供天子膳食之用，和笾人职官相等。

② 韭菹（zū）：用韭制成的酸菜。菹，酸菜，盐菜。

③ 醓醢：有汁的肉酱。醢，用肉做的酱。

④ 昌本：菖蒲本根。此指菖蒲根，切成长四寸的段，盐渍成酸菜。

⑤ 臡（ní）：用麋肉所做成的酱。臡，杂有骨头的肉酱。

⑥ 菁（jīng）菹：用韭菜花所做的盐菜。菁，韭菜花。又一说，菁，是芜菁，大头菜。菁菹，大头菜盐渍的酱菜。

⑦ 鹿臡：用鹿肉杂骨所制成的酱。

⑧ 茆（máo）：它和荇菜相似，叶大如手掌，色赤红而形园。肥壮的，握于手上，滑腻欲脱，茎较粗大，叶可以生食。江南人叫莼菜，生在水中。

⑨ 麇臡：用獐肉所做的酱。麇，獐子，像鹿，小，头上无角，有长牙露出嘴外。

⑩ 葵菹：用秋葵所做的酸菜。葵有多种，此指秋葵，一名侧金盏，六月开花，大如碗，鹅黄色，紫心，六瓣，花朝开暮落，随即结子。葵类中，只有蜀葵根苗嫩时可吃，秋葵嫩时，味更佳美。

⑪ 蠃醢：用田螺所做的酱。蠃，同“螺”。

⑫ 脾析：此指切碎了的胃。脾，牛百叶，即牛胃。

⑬ 蠯醢：用蛤蜊所做的酱。蠯，蛤蜊属。

醢①、豚②拍③、鱼醢④。

加豆之实，芹菹⑤、兔醢⑥、深蒲⑦、醓醢、箈菹⑧、雁醢⑨、笋菹⑩、鱼醢。

羞豆之实，酏食⑪、糁食⑫。

王举⑬，则供醢六十瓮，以五荠、七醢、七菹，三臡实之。

——《天官冢宰》

【译】醢人，掌管朝事、馈食的加豆、馐豆等四种木豆所盛放的实物，以供应天子的膳食。

朝事所供应的豆，它盛有用韭菜所制成的酸菜，有用肉

---

① 蜃、蚳醢：用蜃蛤和蚁子卵所做的酱。蜃，大蛤。蚳，蚁卵。

② 豚：小猪。

③ 拍（bó）：肩胛肉。

④ 鱼醢：鱼肉酱。

⑤ 芹菹：腌制的芹菜。芹，水菜。

⑥ 兔醢：用兔肉所制的酱。

⑦ 深蒲：蒲初生质弱，入水深，故称深蒲。其嫩叶未出水的可以作菹。《齐民要术》引《诗·义疏》云：蒲，深蒲。《周礼》以为“菹”，谓蒲初生时，取其中心入地的茎，茎粗细像勺柄。色正白，生食味甘甜而脆。又煮后用酒浸泡，如吃笋法，味美。

⑧ 箈（tái）菹：箈，当作“箈”，又作“苔”，水里青衣。水苔，可以为菹。

⑨ 雁醢：用雁鸟肉所制的酱。

⑩ 笋菹：将初生竹笋制成的菹。

⑪ 酏食：用稻米加狼胸肌的油，熬成浓厚的粥。

⑫ 糁食：用等量的牛、羊、猪肉，各三分之一，切细，加一倍的稻米，制成饼，煎食。

⑬ 王举：指王每日用食。

制成的多汁肉酱，有用菖蒲根腌渍的酸菜，有用带骨的麋肉做的酱，有用韭菜花或芜菁所制的酱菜，有用带骨的鹿肉所制成的肉酱，有用荇菜所制成的酸菜，有獐子肉酱。

馈食时所用的豆，盛有用秋葵制成的酸菜，有用田螺肉所制成的酱，有切碎了的牛胃，有用蛤蜊肉所制成的酱，有用大蛤和蚁卵所制成的酱，有小猪的肩胛肉，有用鱼肉所制成的酱。

在正献之后所加的豆，盛有用盐腌制的芹菜，有用兔肉所制的肉酱，有用蒲草嫩叶制作的酸菜，有带汁的肉酱，有用水苔制作的酸菜，有用雁鹅肉所制的酱，有用新笋制成的酱菜，有用鱼肉制作的酱。

正献之后另加的馐豆，它盛有用稻米同狼胸部的油煮熬的浓米粥，有用切碎的牛、羊、猪肉，同稻米制成的煎饼。

故君王每天的膳食，有鼎实十二个。醯人进六十坛不同的酱菜和肉酱，有五种细切的调味酸菜，有七种用不同牲畜肉制成的肉酱，有七种不同的腌菜，有用三种碎骨肉制成的酱。

醯人[①]，掌共五齐、七菹、凡醯物[②]。以供祭祀之齐、

① 醯（xī）人：主管用酸醋调和醢人所供应的齐、菹。醯，醋也。同“酢”。

② 凡醯物：齐有五种，菹有七种，所以“凡”概括言之。醯物，指齐、菹用醋调和了的。

菹，凡醯酱之物[①]。

——《天官冢宰》

【译】醯人，主管用酸醋调和醢人所供的五齐、七菹及所有用醋调和以成味的物品。供应祭祀时用加了酸醋的齐、菹，和未用醋调和的醢。

盐人，掌盐之政令，以供百事之盐。

——《天官冢宰》

【译】盐人，掌管食盐的分类、储藏和供应，以应各种不同情况的需要。

【按】未经再治的苦盐和粗制的散盐供祭祀用，宴宾则用散盐或制成虎形的形盐，王、后、世子的膳羞则用饴盐，即矿盐或池盐。

幂[②]人，掌共巾幂。以疏布巾[③]幂八尊[④]，以画布巾[⑤]幂六

① 凡醯酱之物：酱，是未用醋调和的醢。齐、菹都要用醋来滑柔以杀腥气。

② 幂：覆盖东西的巾。此专指覆盖饮食菜肴所用的布巾。

③ 疏布巾：用素布两尺两寸一幅所做，巾上没有彩画。疏，粗，不细密。

④ 八尊：指五齐、三酒。

⑤ 画布巾：画，指在布巾上画有云气的图形，且加有五色。布料是细布或细麻布。

彝①，凡王巾皆黼②。

——《天官冢宰》

【译】幂人，是掌管天子覆盖菜肴所用布巾事务的职官。用不加绘画或刺绣的粗白布来覆盖王酒、五齐等饮料。用绘绣有五彩云气图案的细布巾来覆盖六彝等酒器。

天子用来覆盖三酒、五齐、笾、豆、俎、簋各类饮食器具的细布巾，都有白色和黑色的斧形图案。

小宗伯之职……辨六齍③之名物……辨六彝之名物……

① 六彝（yí）：鸡彝、鸟彝、斝（jiǎ）彝、黄彝、虎彝、蜼彝等六种。彝，古代盛酒的器具。鸡彝，刻饰有鸡形的彝。鸟彝，刻有凤凰图案的彝。鸡、鸟彝都是在木上雕刻而后加色彩，容积三斗。斝彝，在彝上刻画有禾稼的形状。黄彝，用黄金刻镂成目形，镶在外边。因用目形作为装饰，故黄彝又叫黄目。虎彝，刻有虎形的彝。蜼彝，是刻有蜼形为装饰的彝。蜼，兽名，形似猕猴。今之长尾猿。

② 黼（fǔ）：用白色和黑色所画的斧形图案。斧刃白色。在细布上画或绣此图形，是天子所用的巾。

③ 辨六齍（zī）：辨别六谷的名称和种类。如黍、稷是盛在簋（guǐ）里的实物。稻、粱、麦、苽是盛在簠（fǔ）里的实物。麷、蕡、白（炒了的稻米）、黑（炒了的黍米）是盛放在笾里的实物。齍，通“粢”。古代供祭祀用的谷类。六粢，指六谷，黍、稷、稻、粱、麦、苽六种。

辨六尊[①]之名物，以待祭祀宾客。

——《春官宗伯》

【译】小宗伯这个职官……分辨黍、稷、稻、粱、麦、苽等六谷的名称种类……分辨鸡彝、鸟彝、斝彝、黄彝、虎彝、蜼彝这六种不同的盛酒用具……分辨献尊、象尊、壶尊、著尊、大尊、山尊六种盛酒器物的不同用法，在天子祭祀和有宾客的时候供奉这些盛酒的器物。

郁[②]人，掌裸器[③]。凡祭祀、宾客之裸事，和郁鬯[④]以实彝而陈之。

——《春官宗伯》

【译】郁人是主管帝王祭祖、祭神以及赐宾客宴饮时所用的灌祭器具的职官。他将郁金香草捣汁调和黑黍所酿造的

① 六尊：献尊、象尊、壶尊、著尊、大尊、山尊等六种。尊，古代盛酒器。献尊，刻凤凰的形象，饰以翡翠的尊。象尊，用象骨（牙）饰尊。壶尊，一种有盖的盛酒尊。《公羊传》何休注云：壶，礼器，腹方，口圆曰壶，反之曰方壶，有爵饰。用壶作尊，形状有方有圆。著尊，著是文饰简略之义。另一说是，无足，底着地，所以称著尊，其容量为五斗，中用赤色漆。大尊，是太古时代的陶瓦制古尊，又称瓦甒（wǔ），为盛酒器。山尊，又称山罍（léi），形似壶（kǔn），大者容一斛。其身刻画有山文云气，人君用的以黄金为饰。故又有金罍之称。

② 郁：草名。有芳香气味的草，即郁金香草。古中原地区有此草。

③ 裸（guàn）器：用酒灌祭时所用的器具，指盛酒的彝、承彝用的托盘（舟）和酌酒用的圭瓒。裸，古代祭祀时以酒灌地降神的仪式。

④ 郁鬯：舂捣郁金香草而熬煮香汁同黍酒混渗所成的叫郁鬯。鬯，是用黑黍所酿的酒。

鬯酒，即郁鬯，盛在彝中，陈列在天子举行祭祀和宴请宾客的地方。

鬯人[1]，掌共秬鬯而饰[2]之。

——《春官宗伯》

【译】鬯人是主管用黑黍和郁金香草酿造的酒。在天子有丧祭的时候供应这种秬鬯酒，并用布巾覆盖于尊上以防尘土。

① 鬯人：官职。主管酿造供应秬鬯。

② 饰：遮盖。盛秬鬯的酒尊用布巾覆盖以防尘土。

《礼记》选注

《礼记》为西汉人戴圣所编定。系采辑先秦旧籍有关春秋前后君王、贵族生活行事制度的记载，编为四十九篇。是研究先秦贵族社会生活制度和儒家思想的重要历史文献。汉郑玄为《礼记》作注，唐孔颖达有《礼记正义》，以后注家，历代不断。

本篇据清人孙希旦《礼记集解》，选择书中有关饮馔烹饪的内容，简要注释。

夫礼之初，始诸饮食。其燔黍、捭[1]豚，汙尊[2]而抔饮[3]。

——《礼运》

【译】礼制的产生，是从饮食开始的。那时，把黍米和切割成块的猪肉，烤熟就吃，在地面挖一个小坑当酒杯，用双手捧着喝。

昔……未有火化，食草木之实、鸟兽之肉，饮其血，茹[4]其毛。

……

---

① 捭（bǎi）：分析开，分裂开。

② 汙（wā）尊：凿地以当酒杯。汙，同“凹”，凹陷。尊，同“樽”，盛酒器。

③ 抔（póu）饮：两手捧饮。

④ 茹（rú）：吃。

然后修火之利，范金[①]合土[②]……以炮[③]，以燔，以烹[④]，以炙[⑤]，以为醴、酪[⑥]……

故玄酒[⑦]在室，醴盏[⑧]在户，粢醍[⑨]在堂，澄酒[⑩]在下……

腥其俎[⑪]，熟其殽[⑫]……醴盏以献，荐其燔炙……

然后退而合亨[⑬]，体[⑭]其犬、豕、牛、羊，实其簠[⑮]、簋[⑯]、笾、豆、铏[⑰]羹。

……

① 范金：先做模型再用金属铸造器物。范，用竹做的铸金模型。

② 合土：调和泥土做陶器。

③ 炮（páo）：裹而烧制叫炮。

④ 烹：在镬釜里煮叫烹。

⑤ 炙：用叉穿起放在火上烤叫炙。

⑥ 酪：醋。

⑦ 玄酒：水，因色黑，所以称玄。太古无酒，以水当酒，故称玄酒。

⑧ 盏：《周礼》“五齐”中的“盎齐”，白色酒。

⑨ 粢醍（tǐ）：酒汁清而色赤的叫粢醍，《周礼》“五齐”中的“缇齐”。

⑩ 澄酒：酒成之后糟滓下沉的清酒，《周礼》“五齐”中的“沈齐”。

⑪ 腥其俎：将生肉盛于俎上。腥，生肉。

⑫ 殽：同“肴”，带骨肉。

⑬ 合亨：将祭神时未熟的食材连同其余的肉一块烹煮熟。

⑭ 体：解剖，分割牲体。

⑮ 簠：盛稻粱的器具，方形。

⑯ 簋：盛黍稷用，圆形有两耳。

⑰ 铏（xíng）：盛羹的器皿，似鼎而小。

五味[①]，六和[②]，十二食[③]，还相为质也。

——《礼运》

【译】古代……不知道用火，吃的是草木的果实、鸟兽的肉，甚至喝它们的血，连毛也一块吃下去。

后来，知道了用火的好处，就做模型来铸造金属器皿，调和泥土做陶器，知道用泥裹着肉去烧，或架在火上烧烤，或在鼎锅里烹，或穿成肉串在火上烤，也知道了酿酒、做醋。

古代祭祀，把水当作玄酒，放在室内，甜酒、白酒，放在门口。酒汁不清的粢醍，放在堂上；清亮的澄酒，放在堂下。

（祭神的时候）……将带有血、毛的生肉切成大块放在俎里，又把小块肉稍煮一下做祭品……又用甜酒、白酒献神，还要进献烧烤的肉。

祭毕，将祭肉和余下的肉，放在大镬鼎里煮熟，分别切割狗、猪、牛、羊，把稻、粱盛在簠里，黍、稷盛在簋里，有的食品放在笾、豆里，把羹盛在铏里。……

五味、六和和十二个月令的食品，它们的本味变化无穷，依次交替为主味。

---

① 五味：酸、苦、辛、咸、甘。

② 六和：指春多酸、夏多苦、秋多辛、冬多咸，调以滑、甘，称为六和。

③ 十二食：孙希旦《礼记集解》曰：“十二食，十二月之所食也。”

（事父母舅姑）……饘[1]、酏[2]、酒醴[3]、芼[4]羹[5]、菽[6]、麦、蕡[7]、稻、黍、粱[8]、秫[9]，唯所欲。枣、栗、饴[10]、蜜以甘之。堇[11]、荁[12]、枌[13]、榆[14]免[15]薨滫瀡[16]以滑[17]之，脂膏以膏之[18]。

——《内则》

【译】（侍奉父母翁姑的饮食）……凡属饘、酏、酒

① 饘（zhān）：浓粥。

② 酏：酿酒所用的薄粥。

③ 酒醴：一宿即熟的酒叫醴。这种酒滤了滓叫清，滤下的滓叫糟。

④ 芼（máo）：可供食用的水草或野草。

⑤ 羹：用菜或肉末做的带汁的食物。

⑥ 菽：豆类总称。

⑦ 稖（fén）：同“蕡”。经焙炒的麻子。

⑧ 粱：粟类作物的统称。古代粱和粟实是异名同物。《周礼》的九谷、六谷，都只有粱而无粟。

⑨ 秫（shú）：黏高粱。凡黍稻黏者都可称秫。

⑩ 饴（yí）：麦芽制成的糖浆。

⑪ 堇（jǐn）：菜名，味苦，瀹之则甘甜。

⑫ 荁（huán）：荁菜似堇，但叶大，古人用以调味。

⑬ 枌（fén）：榆树中白色的品种。

⑭ 榆：落叶乔木，其果实扁圆，约三四分，成串如钱串，称榆夹，或称榆钱，可拌面蒸食。

⑮ 免（wèn）：新鲜的东西。

⑯ 滫（xiǔ）瀡（suǐ）：淘米水。

⑰ 滑：这里作动词，是去粗糙、使柔润的意思。

⑱ 脂膏：脂肪处于凝固状态的叫脂，溶解状态的叫膏。膏，这里作动词，用脂膏淋沃在食品上，使其油润香美。

醴、芼羹、菽、麦、蕡、稻、黍、粱、秫等食品，按其爱好来供奉。用枣、栗、饴、蜜来使食品甘甜，用堇、荁、枌、榆，不论是鲜的、干的，浸泡在淘米水中，使食品柔滑，用凝结的或液状的脂肪，使食品油润。

饭：黍、稷、稻、粱、白黍[①]、黄粱[②]，糈、穛[③]。

——《内则》

【译】饮食的品种有：黄米、高粱、稻、小米、白黍、黄粱，它们又有熟谷和早割谷的分别。

膳[④]：膷[⑤]、臐[⑥]、膮[⑦]、醢[⑧]、牛炙[⑨]。

——《内则》

【按】以上四膳（膷、臐、膮、牛炙）盛放在豆中，陈列为一组。

【译】膳食有牛、羊、猪肉所做的羹和炮牛肉。

---

① 白黍：黍子实有赤、白、黄、黑数种。此举白黍，与前面所举的黄黍区别。

② 黄粱：粟子实也有白、黄、赤、黑数种。此举黄粱，与前面所举的区别。

③ 糈（xǔ）、穛：谷长熟后割下的叫糈，谷未成熟割下的叫穛。

④ 膳：这里是菜单的意思。

⑤ 膷（xiāng）：牛肉羹。

⑥ 臐（xūn）：羊肉羹。

⑦ 膮（xiāo）：猪肉羹。

⑧ 醢：此字衍，应删去。

⑨ 牛炙：炮牛肉。又解，把肉穿成串在火上烤。

醓，牛胾[①]；醓，牛脍[②]。

——《内则》

【**按**】以上两肉、两醓四种，陈列为第二组。这两醓为牛胾、牛脍而设。这四种都盛放在豆里。

【**译**】**牛肉块和牛肉片，用醓拌着吃。**

羊炙[③]，羊胾[④]，醓，豕炙[⑤]。

——《内则》

【**按**】以上四种，列为第三组。此醓为羊胾、豕炙而设。都放在豆里。

【**译**】**炮羊肉、羊肉块、猪肉块，都用醓拌着吃。**

醓，豕胾；芥酱[⑥]，鱼脍。

——《内则》

【**按**】醓为豕胾而设，酱为鱼脍而设。这四种食品为第四组。

【**译**】**吃猪肉块用醓，吃鱼脍用芥酱。**

① 牛胾：切成块的牛肉。

② 牛脍：细切的牛肉。

③ 羊炙：炮羊肉。

④ 羊胾：羊肉块。

⑤ 豕炙：炮猪肉。

⑥ 芥酱：芥子所做的酱。

雉，兔，鹑，鷃。

——《内则》

【按】以上四种各盛放在豆里，此四豆列为第五组。

【译】野鸡、兔、鹌、鹑，这四豆为一组。

饮[①]：重醴[②]，稻醴清糟、黍醴清糟、粱醴清糟。或以酏为醴[③]、黍酏[④]、浆[⑤]水，醷[⑥]、滥[⑦]。

——《内则》

【译】饮料的品种有：有用稻、粱、黍三种谷物所酿造成的醴酒。这三种醴酒，一种是过滤后的清醴，一种是过滤的糟醴，这两种同时拿出来，故曰重醴。也有用稀粥酿成的醴，也有用黍做的稀粥，有醋，有梅浆，有用干饭同稀粥混合加水调成的滥。

① 饮：这里指下列九种饮料的品目。

② 重（chóng）醴：重，重复、附加之意。醴，用稻、黍、粱三者都可以制作，经滤过的是“清”，未滤过的是“糟”。这三种醴各有清、有糟。清糟两种并用，所以称重醴。

③ 以酏为醴：用稀粥酿成的醴。

④ 黍酏：用黍做的稀饭。

⑤ 浆：醋。

⑥ 醷（yì）：梅浆。

⑦ 滥：粥或干饭之类混杂起来，再用水调和。

酒[1]：清[2]、白[3]。

——《内则》

【按】古代贵族饮用三种酒，即清酒、昔酒和事酒。事酒是有事时临时酿成的酒，较混浊。昔酒是酿造时间较长的酒，味浓厚。酒汁比事酒较清，但对清酒来说又较混浊，所以也称白。

【译】饮用的酒，有清酒、白酒两种。而白酒中又有较混浊的事酒、昔酒两种。

羞[4]：糗饵，粉酏[5]。

——《内则》

【译】美味的馐食是用米、麦粉做成的糕饼。

食[6]：蜗醢[7]，而苽食、雉羹。麦食，脯羹[8]、鸡羹。折

① 酒：这里指有以下两类酒名。

② 清：清酒，酿造成熟的时间较长，比昔酒清。

③ 白：指事酒、昔酒两种。这两种酒都是白色的，所以称白。

④ 羞：这里指有滋味的食物。

⑤ 粉酏：酏字当作“餈”。《周礼·天官冢宰·笾人》：“羞笾之实，糗饵、粉餈。”郑玄注：“合蒸曰饵，饼之曰餈。”粉，豆米粉屑，用水调和粉面做成饼叫餈。

⑥ 食（sì）：此指帝王贵族进食所用的肴馔及调料品种。

⑦ 蜗（luó）醢：用螺肉所制作的醢。蜗，同“螺”。

⑧ 脯羹：用切得细碎的干肉所做的稀饭。

稌[1]，犬羹、兔羹。和糁[2]不蓼[3]。濡[4]豚，包苦[5]实蓼[6]。濡鸡，醢酱实蓼。濡鱼，卵酱[7]实寥。濡鳖，醢酱实蓼。

腶脩，蚳醢[8]。脯羹，兔醢。麋肤[9]，鱼醢。鱼脍[10]，芥酱。麋腥[11]、醢、酱。桃诸，梅诸[12]，卵盐[13]。

——《内则》

【译】食物之间各有相宜的配合：用螺肉酱吃雕胡米饭和野鸡羹。吃麦米饭时配干肉煮的粥和鸡羹。吃细舂稻米饭时配狗肉羹和兔肉羹。这些都可以用米粉掺和，不加辛辣的蓼。烹煮小猪，先用苦菜把肉猪包裹起来，肚里填塞蓼叶再烧煮。烧鸡用醢酱，肚里也填塞蓼叶。烧鱼用鱼子酱，肚里填蓼叶。烧甲鱼用醢酱，肚里用蓼叶。

---

① 折稌：用舂细了的稻米所做的饭。稌，稻米。

② 和（huò）糁（sá）：此指以上五种羹都须用细碎米粉掺和。

③ 蓼（liǎo ）：水生植物，叶味辛辣。古时烹鸡、猪、鱼等都用以调味。

④ 濡：用汁调和烹制的。

⑤ 包苦：用苦菜来包裹，可以去腥味。

⑥ 实蓼：破开猪肚，将蓼叶填实在猪肚内，缝合之后再煮。

⑦ 卵酱：鱼子酱。

⑧ 蚳醢：蚳蜓，蚁卵，古时用作酱。吃腶脩时用蚳醢配食。

⑨ 麋肤：麋，大鹿。肤，切小了的熟肉。吃麋肤时用鱼醢配食。

⑩ 鱼脍：细切的鱼片。

⑪ 麋腥：生麋肉。

⑫ 桃诸，梅诸：诸同“菹”，也是一种酱。先使桃、梅稍干，腌藏，然后做酱，即桃、梅脯酱。

⑬ 卵盐：大粒盐。

吃干肉片配蚔卵酱；吃干肉粥配兔肉酱；吃熟麋肉片配鱼肉酱；吃鱼片配芥酱；吃生麋肉块配醢和酱；吃桃脯、梅脯配大粒盐。

凡食齐[①]视春时，羹齐[②]视夏时，酱齐[③]视秋时，饮齐[④]视冬时。

——《内则》

【译】凡是饭食的调和，宜于温食，有如春气的温暖；羹类食物，宜于热食，有如夏气的炎热；醢酱之类，可以凉用，有如秋天的气凉；饮类水浆，可以寒饮，有如冬气的寒冷。

凡和[⑤]，春多酸[⑥]，夏多苦[⑦]，秋多辛[⑧]，冬多咸[⑨]，调以

---

① 食齐：米饭的调和。饭食四季都应温，故比于春温。食，指六谷、六牲之食。

② 羹齐：羹指大羹、羹、菜羹，带汁的食物。调和羹类，应四季常热，故以夏热作比。

③ 酱齐：指醢、醢之类。酱四季都可以凉吃，故以秋凉作比。

④ 饮齐：指六饮水浆之类。六饮都用水调和，可寒饮，故以冬寒作比。

⑤ 和：指调和五味。对酸、苦、辛、咸随季节时气不同而增减用量。书中以木、火、金、水、土五行比酸、苦、辛、咸、甘。古人有一种说法，认为春属东方木，不食酸，以杀盛气。余类推。此处则认为春当多食酸，以养气，防止时气虚弱。余类推。只有甘味可以调和各味，正如木、火、金、水都成于土。

⑥ 春多酸：古代五行论谓东方木味酸，属春。春时酸味应多于他味。

⑦ 夏多苦：南方火味苦，属夏。夏季调味，苦应多于他味。

⑧ 秋多辛：西方金味辛，属秋。秋时调味，辛应多于他味。

⑨ 冬多咸：北方水味咸，属冬。冬天调味，应多加一分咸。

滑甘[1]。

——《内则》

【译】凡是调和之事，春天，多用点酸味；夏天，多用点苦味；秋天，多用点辛味；冬天，多用点咸味，四时都要以滑甘调和。

牛宜稌，羊宜黍，豕宜稷，犬宜粱[2]，雁宜麦，鱼宜苽。

——《内则》

【译】牛适宜用粳米配食；羊适宜用黍米配食；猪适宜用高粱配食；犬适宜用小米配食；雁（鹅）适宜用麦配食；鱼适宜用苽米配食。

春宜羔豚，膳膏芗[3]；夏宜腒[4]鱐，膳膏臊[5]；秋宜犊[6]

① 甘：中央土味甘，五行土为尊，五味甘为上，故四时都须以甘调味。

② 犬宜粱：犬肉味酸而气温，粱米味甘而微寒，故宜相配调和。

③ 膏芗（xiāng）：牛脂。芗，通“香”。

④ 腒（jū）：干雉。

⑤ 膏臊（sào）：犬油。

⑥ 犊：小牛。

麛[1]，膳膏腥[2]；冬宜鲜[3]羽[4]，膳膏羶[5]。

——《内则》

【译】春季宜用牛油烹调小羊、小猪；夏季宜用狗油烹调干雉、干鱼；秋季宜用猪油烹调小牛、小鹿；冬季宜用羊油烹调鲜鱼和禽类。

牛脩、鹿脯、田豕脯、麋脯、麕[6]脯。麋、鹿、田豕、麕，皆有轩[7]。雉、兔，皆有芼。爵[8]、鷃、蜩[9]、范[10]、芝[11]、栭[12]、蔆、椇[13]、枣、栗、榛、柿、瓜、桃、李、梅、杏、楂[14]、梨、姜、桂。

——《内则》

---

① 麛（mí）：小鹿。

② 膏腥：猪油。

③ 鲜：这里指鱼类。

④ 羽：指禽类。

⑤ 膏羶（shān）：羊油。

⑥ 麕（jūn）：獐类。

⑦ 轩：切成为豆叶大的肉块，可生食。

⑧ 爵：通“雀”。

⑨ 蜩（tiáo）：蝉类。

⑩ 范：蜂。

⑪ 芝：灵芝，菌类。

⑫ 栭（ér）：木耳。

⑬ 椇（jǔ）：形似鸡爪，长寸余，味甘，又叫木蜜、白石李。

⑭ 楂：山楂，也作山查。

【译】牛肉干、鹿肉干、猪肉干、麋肉干、麕肉干，其中麋、鹿、猪、獐，除了干制成脯外，还可切成块生吃。雉羹、兔羹，是肉和菜一起制成的。还有麻雀、鹌鹑、蜂、菌、木耳、菱角、木蜜、枣子、栗子、榛子、柿子、瓜、桃子、李子、梅子、杏子、山楂、梨子、（还有调味的）姜、桂（都是食品）。

脍，春用葱，秋用芥[①]；豚，春用韭，秋用蓼；脂用葱；膏用薤[②]；三牲用藙[③]，和用醯；兽用梅；鹑，羹；鸡，羹；鴽[④]，酿之蓼；鲂[⑤]、鲔，蒸；雏，烧；雉，芗无蓼。

——《内则》

【译】细切的肉，春天用葱调烹，秋天用芥酱调味；烹小猪，春天用韭，秋天用蓼；烹肥肉，用葱；烹膏，用薤；烹牛、羊、猪三牲，用茱萸，调味则用醯；野味用梅调和；鹑和鸡，制羹；烹鴽，用蓼调味；鳊鱼和鲢鱼，蒸食；雏禽，烤食；雉，放香料，不用蓼。

① 芥：这里指芥子酱。

② 薤（xiè）：藠（jiào）头。

③ 藙（yì）：子实辛辣，亦名茱萸。

④ 鴽（rú）：指鹌鹑类的小鸟。

⑤ 鲂（fáng）：鳊鱼。

不食雏鳖[1]，狼去肠，狗去肾，狸[2]去正脊，兔去尻[3]，狐去首，豚去脑，鱼去乙[4]，鳖去丑[5]。

——《内则》

【译】未成熟的小鳖不能吃，狼的直肠要割除，狗肾要割除，狸的脊背要割除，兔的脊骨尾要割除，狐的头要割除，猪应去脑，鱼应去掉眼旁乙骨，鳖的肛门应割除。

肉曰脱[6]之，鱼曰作[7]之，枣曰新[8]之，栗曰撰[9]之，桃曰胆[10]之，柤梨曰攒[11]之。

——《内则》

【译】除去肉的筋膜叫脱；削去鱼鳞叫作；擦拭枣皮叫新；拣出虫蛀的栗子叫撰；拭掉桃子外皮上的毛叫胆；择除有虫眼的山楂、梨子叫攒。

① 雏鳖：小甲鱼。

② 狸：山猫。

③ 尻（kāo）：脊骨尾端。

④ 乙：鱼眼旁有骨像篆文乙字，应剔除，以免扎喉咙。

⑤ 丑：窍（qiào），窟窿。这里主要指肛门。

⑥ 脱：除去皮、骨、肉上的筋、膜，叫脱。这一段所说都是食料粗加工的术语。

⑦ 作：削去鱼鳞。

⑧ 新：此处指抹揩掉枣皮上的尘土。

⑨ 撰：与“选”同。挑选。

⑩ 胆：桃上有毛，拭去，使光滑如胆。

⑪ 攒（zuān）：与“钻”通，穿孔。这里是说逐一检查是否有虫攒了孔的。

雏尾不盈握，弗食。舒雁[①]翠[②]，鹄[③]、鸮[④]胖，舒凫[⑤]翠，鸡肝，雁肾，鸨[⑥]奥[⑦]，鹿胃。

——《内则》

【译】小禽鸟的尾巴不满一握的，不吃。鹅的尾后肉、天鹅和鸮的肋旁薄肉、鸭的尾后肉，鸡肝、大雁的肾、鸨的脾脏、鹿的胃（都不可吃）。

肉腥[⑧]，细者为脍，大者为轩。或曰：麋、鹿、鱼为菹，麕为辟鸡[⑨]，野豕为轩，兔为宛脾[⑩]；切葱若薤，实诸醯以柔之。

——《内则》

【译】生肉，切细的叫脍，切成块的叫轩。又有一种说法：麋、鹿、鱼切成薄片，獐要切成酱，野猪切成块，兔切

① 舒雁：鹅。

② 翠：尾后肉。

③ 鹄（hú）：天鹅。

④ 鸮（xiāo）：猫头鹰一类的鸟。

⑤ 舒凫（fú）：鸭。

⑥ 鸨（bǎo）：似雁大而有斑纹，足无后趾。

⑦ 奥（yù）：脾脏。

⑧ 肉腥：生肉。

⑨ 辟（bì）鸡：肉酱。

⑩ 宛脾：兔肉酱。

成兔肉酱；再把切好了的葱或薤，同肉拌在一起，放在醋里浸泡直到柔软为止。

淳[①]熬[②]，煎醢加于陆稻上，沃之以膏，曰淳熬。

淳母[③]，煎醢加于黍食[④]上，沃之以膏，曰淳母。

炮[⑤]，取豚若将[⑥]，刲[⑦]之刳[⑧]之，实枣于其腹中，编萑[⑨]以苴之[⑩]，涂[⑪]之以谨[⑫]涂。炮之，涂皆干，擘[⑬]之。濯手[⑭]以摩之，去其皽[⑮]，为稻粉糔溲[⑯]之以为酏，以付[⑰]豚，煎诸

---

① 淳（chún）：淋浇。

② 熬：煎。

③ 母（mó）：读“模”，像的意思。指它的做法像淳、熬。

④ 黍食：用黍米做成的饭。食，饭。

⑤ 炮：八珍之一。因先涂泥而后烧，故名炮。

⑥ 将：应为“牂（zāng）”，母羊。

⑦ 刲（kuī）：割杀。

⑧ 刳（kū）：剖开。

⑨ 萑（huán）：芦苇之类。

⑩ 苴：包裹起来。

⑪ 涂：用泥涂抹。

⑫ 谨：当为“墐（jìn）”字，“墐”通“堇”。《说文》：“堇，粘土。”

⑬ 擘（bāi）：同“掰”，分裂开。指掰去所涂泥土。

⑭ 濯（zhuó）手：洗手。这里是说掰泥后应当洗手。

⑮ 皽（zhāo）：肉上的一层薄膜。

⑯ 糔（xiǔ）溲：用水调和。

⑰ 付：敷涂。

膏，膏必灭之。钜镬[①]汤，以小鼎薌脯于其中，使其汤毋灭鼎，三日三夜毋绝火，而后调之以醯醢。

捣珍[②]，取牛、羊、麋、鹿、麕之肉，必脄[③]；每物与牛若一；捶[④]，反侧之，去其饵[⑤]；熟，出之，去其皽，柔其肉。

渍，取牛肉必新杀者，薄切之，必绝其理[⑥]，湛[⑦]诸美酒，期朝[⑧]而食之，以醢若醯、醷。

为熬[⑨]，捶之去其皽，编萑，布牛肉焉；屑桂与姜以洒诸上而盐之；干而食之。施羊亦如之，施麋、施鹿、施麕，皆如牛、羊，欲濡肉，则释而煎之以醢，欲干肉，则捶而食之。

糁[⑩]，取牛、羊、豕之肉三如一。小切之与稻米，稻米二肉一，合以为饵，煎之。

肝膋，取狗肝一，幪[⑪]之以其膋，濡炙之举燋[⑫]其

① 钜镬：巨镬，大锅或大鼎。钜，同“巨”。

② 捣珍：八珍之一。

③ 脄（méi）：同“脢（méi）”，背脊肉。

④ 捶：捣击。

⑤ 饵：这里为筋腱。

⑥ 绝其理：横着肉纹切割。

⑦ 湛（jiān）：浸泡的意思。

⑧ 期朝：今日晨至明日晨，一整天。

⑨ 熬：煎熬。这里指八珍之一的熬的做法。

⑩ 糁（sǎn）：这里用米、肉和羹。

⑪ 幪（méng）：覆盖在上面。

⑫ 燋（jiāo）：同“焦”。

膋，不蓼。

——《内则》

【译】把煎得浓厚的肉酱淋浇在旱稻米饭上，再淋上脂膏，名叫“淳熬”。

照“淳熬”那样，把煎得浓厚的肉酱淋浇在黍米饭上，再浇上膏脂，就叫“淳母”。

“炮”的制作方法：将小猪（或肥羊）宰杀后，剖腹，去内脏。把枣子填在肚内，用草绳捆扎好。扎完后涂以粘泥，放进火里烧烤。等到外面涂裹的一层黏土烧干后，掰去干泥，洗手，把皮肉上的一层薄膜去掉，再用稻米粉调成粥状，敷在全猪（或肥羊）身上。然后用鼎，下油来煎熬，用油一定要淹没猪（羊），又用香草调放在小鼎里，将小鼎放进装有汤水的大鼎里。大鼎里面的水又不可以让它沸腾到小鼎里去。火势要连续三天三夜不断。吃的时候，用醯醢调味。

“捣珍”的制作方法：选牛、羊、麋、鹿、獐的背脊肉，每样同牛肉的量相等，反复捣捶，去掉筋腱。待烹熟了再除去皽膜，加醯、醢使它柔软。

“渍”的制作方法：取新杀的鲜牛肉，薄薄地切好，横着肉纹切断。将肉放在好酒里浸泡一整天，再加醯、醢或醷调和后食用。

熬的制作方法：将生肉先捣捶，除去筋膜，然后摊放在芦草编的席上，把切成细屑的桂、姜撒在牛肉上面，用盐腌一下，干了就可以吃。用羊肉，做法相同。用麋、鹿、獐子肉，都同做牛、羊肉一样。如想吃带汁的肉，就用水润开，加醢煎一煎；如想吃干肉，就捣捶柔软了再吃。

“糁”的制作方法：取牛、羊、猪肉三等份，肉要切细，以稻米作原料，用两份稻米、一份肉混合起来做成饼，煎着吃。

“肝膋”的制作方法：取狗肝一个，用狗网油覆盖，架在火上烧烤。等到湿油烤干。吃时不用蓼。

取稻米举糔溲之，小切狼臅①膏，以与稻米为酏。

——《内则》

【译】用水调和稻米粉，加上切成小块的狼胸脯油，煮成浓粥。

君子不食圂腴②。

——《少仪》

【译】君子不吃家养猪、狗的肠。

① 臅（chù）：指胸腔里的脂肪。

② 圂（hùn）腴：猪、狗的大肠。圂，也同“豢（huàn）”，指喂养的猪狗之类。腴，肥肠。

凡羞有湆[①]者不以齐。

——《少仪》

【译】凡进献食品中有肉汁的，都不再用五味去调和。

嚢食，自诸侯以下至于庶人，无等。

——《内则》

【译】羹和饭，上自诸侯下到庶人都吃，没有贵贱的等差。

牛与羊、鱼之腥，聂而切之为脍[②]。麋、鹿为菹，野豕为轩，皆聂而不切。麕为辟鸡，兔为宛脾，皆聂而切之，切葱若薤，实之醯以柔之。

——《少仪》

【译】生的牛、羊、鱼的肉，要先切成片，再切细成细丝。麋、鹿的肉剁成肉酱，野猪肉切成块，都不细切。獐子肉要切细，兔肉也要切细，这几种都是先切成片后再切细，切葱和薤放在醯里使味质柔和。

凡进食之礼，左殽[③]右胾。食居人之左，羹居人之右。

① 湆（qì）：肉汁。这里指太羹，是不和五味的羹。

② 聂而切之为脍：先切成片，然后再细切成细丝。

③ 殽：带骨熟肉块。

脍炙处外，醯酱处内；葱渫[1]处末，酒浆处内。以脯脩置者，左朐[2]右末[3]。

——《曲礼》

【译】平时进餐的规矩：带骨肉块放在左边，纯肉块放在右边。饭的位置在人的左边，羹的位置在人的右边。菜肴距离食者远一些，作料靠近一些；配料放在角落处，饮料放在靠近一些的地方。如果有干肉，则弯曲部位的大块放在左边，直条小块放在右方的顺手处。

毋抟饭[4]。毋放饭[5]。毋流歠[6]。毋咤[7]食。毋啮[8]骨。毋反鱼肉[9]。毋投与狗骨[10]。毋固获[11]。毋扬饭[12]。饭黍毋以

① 渫（yè）：蒸葱。

② 朐：干肉的弯曲部位。

③ 末：干肉的伸直部位。

④ 毋抟（tuán）饭：不要把饭裹成大团子。抟，把东西揉弄成球形。孔疏："取饭作抟，则易得多，是欲争饱，非谦也。"

⑤ 放饭：以手取饭时，把粘在手上的饭又放回器中。

⑥ 流歠（chuò）：歠吸；喝。孔疏："流歠者，开口大歠，汁入口如水流，欲多而速，是伤廉也。"

⑦ 咤（chà）：孔疏："咤者以舌口中作声也。"

⑧ 啮（niè）：咬。

⑨ 反鱼肉：孔疏："毋反鱼肉者，与人同器也。已啮残不可反还器中，为人秽也。"

⑩ 毋投与狗骨：郑注："为其贱饮食之物。"

⑪ 固获：孔疏："专取曰固，争取曰获。"

⑫ 扬饭：郑注："以手散其热气，嫌其欲食之急也。"

箸[1]。毋嚃羹[2]。毋絮羹[3]。毋刺齿[4]。毋歠醢[5]。客絮羹，主人辞不能亨；客歠醢，主人辞以窭[6]。濡肉齿决，干肉不齿决[7]。毋嘬[8]炙。

——《曲礼》

【译】不要把饭弄成大团子吃。不要把手上粘着的饭又放回公共食器里去。不要像喝水似的喝流质食物。吃东西时，嘴里不要发出响声。不要咬骨头。不要把自己咬过的鱼肉再放回公共食器中去。吃饭时不要把骨头扔给狗吃。不要专门抢菜吃。不要急于煽拂饭上的热气。吃黍饭要用饭勺，不要使用筷子。不要吞饮羹食。不要给羹再加作料。不要剔牙。不要喝肉酱。如果客人自己给羹加作料，主人就应说："菜做得不好!"如果客人喝肉酱，主人就应说："（味道太淡）照顾不周!"带汁的湿肉，要用牙咬；干肉要用手撕，不要用牙咬。烤肉要一口一口地吃，不要囫囵吞。

---

① 毋以箸：孔疏："当用匕。"箸，筷子。匕（bǐ），饭勺。

② 嚃（tà）羹：嚃，不嚼而吞。郑注："其欲速而多，又有声，不敬、伤廉也。"孔疏："羹有菜者用挟，故不得歠，当挟嚼也。"

③ 絮羹：孔疏："絮谓就食器中调和盐梅也。……是嫌主人食味恶也。"

④ 刺齿：剔牙。

⑤ 歠醢：孔疏："醢，肉酱也。酱且咸，客岩歠之，则是酱淡也。"

⑥ 窭（jù）：本意为贫穷，这里作无礼解。

⑦ 濡肉齿决，干肉不齿决：孔疏："濡，湿也。湿软不可用手擘，故用齿断决而食之。干肉，脯属也，坚韧，不可齿决断之，故须用手擘而食之。"

⑧ 嘬（chuài）：吞食。

人莫不饮食也，鲜能知味也。

——《中庸》

【译】人没有不吃喝的，但是很少能够懂得味的道理的。

《大戴礼记·夏小正》选注

《大戴礼记》，亦称《大戴礼》《大戴记》。先秦各种礼仪论著的选集。相传为西汉戴德编纂。原八十五篇，今存三十九篇。是研究我国古代社会情况、文物制度和儒家学说的参考书。《夏小正》是其中一篇。主要记载当时某些常见动植物（大部分也是食物）的习性。

正月[①]：启[②]蛰[③]。雁[④]北乡[⑤]。雉[⑥]震[⑦]呴[⑧]。鱼陟[⑨]负

---

① 正月：夏历正月，今农历正月。

② 启：开的意思。

③ 蛰（zhé）：伏藏在土中过冬的昆虫。

④ 雁：候鸟，大型游禽，形体似家鹅而较小，毛色多以灰或褐色为主，雌雄羽色差别不大，肉可食用。

⑤ 乡："嚮"字的假借字，今简化为"向"，即"朝着""对着"。北向，向北方飞。

⑥ 雉：通称"野鸡"。

⑦ 震：雷击，雷声的震响。

⑧ 呴：通"雊（gòu）"。《说文段注》："雊，雄雉鸣也。"

⑨ 陟（zhì）：升也。

冰[①]。……囿[②]有见[③]韭……田鼠[④]出。……獭献鱼[⑤]。鹰则为[⑥]鸠。……采[⑦]芸[⑧]。……柳稊[⑨]。梅杏杝桃[⑩]则华[⑪]。……鸡桴[⑫]粥[⑬]。

【译】正月：冬眠的昆虫开始活动。大雁向北飞。雷声一起，雄雉就振动翅膀，伸颈鸣叫。冰雪融化，沉在水底的鱼也开始上浮，接近河面的薄冰。……菜园里长出了韭菜。……田鼠也出来活动了。……水獭把逮到的鱼都晾在水边。鹰的性格变得像布谷鸟那样和善。……人们采集蒿菜做菜吃。柳树发芽。梅、杏、山桃均已开花。鸡也开始孵育小

---

① 负冰：背顶着冰块，或背接近冰块之意。负，背负。

② 囿：有围墙的园地。

③ 见（xiàn）：通“现”，显现，出现。

④ 田鼠：前人训话多有歧异，一般释为鼹鼠。《名医别录》谓俗名隐鼠，大而无尾，黑色，长鼻甚锐，常穿地中行。

⑤ 獭（tǎ）献鱼：《礼记》作“獭祭鱼”。獭，兽名，通常指水獭。《礼记·月令》孟春之月，“獭祭鱼”。郑注：“正月中，此时鱼肥美，獭将食之，先以祭也。”高诱注《淮南子·时则训》：“獭，猵（biān）也，取鲤鱼于水边，四面陈之，谓之祭鱼。”

⑥ 则为：“化为”的意思。

⑦ 采：同“採”。

⑧ 芸：《说文解字》：“草也，似目宿。”段注：“芸，蒿菜名也”。一说油菜。

⑨ 稊（tí）：同“荑（tí）”，树木再生的嫩芽。

⑩ 杝（yí）桃：山桃。

⑪ 华：通“花”，开花。

⑫ 桴（fú）：通“孵”。

⑬ 粥（yù）：通“育”。

鸡了。

二月[①]：往耰[②]黍。初俊羔，助厥母粥[③]。……祭[④]鲔。荣[⑤]堇[⑥]采蘩[⑦]。昆小虫[⑧]，抵蚳[⑨]。来降燕，乃睇[⑩]。剥鱓[⑪]。有鸡仓庚[⑫]。荣芸，时有见稊，始收[⑬]。

【译】二月：去地里平整土地种黍。羊羔开始长大（不再让母羊喂奶），帮助母羊去哺育其他羊羔。鲔鱼可以作

① 二月：夏历二月，今农历二月。《礼记·月令》作“仲春之月”。

② 耰（yōu）：古代农具，形似木槌，用以碎土平地。在此引申为耕种。

③ 初俊羔，助厥母粥（yù）：初，始也。俊，大也。厥，其也。粥，养也，通“鬻（yù）”“育”。《大戴礼记》传释本句曰：“言大羔能食草木而不食其母也。”孔广森《补注》：“羔长大不食于其母，母乃以余乳养非其子者，若羔能助母养然，故善而记之。”

④ 祭：《广雅》：“荐也。”

⑤ 荣：繁茂，众多。亦可谓开花。

⑥ 堇（jǐn）：菜名，通称堇菜，亦名旱芹，俗称堇堇菜。

⑦ 蘩（fán）：《尔雅》郭璞《注》：“白蒿。”

⑧ 昆小虫：《大戴记》传曰：“昆者，众也，由魂魂也。由魂魂也者，动也；小虫动也。”

⑨ 抵蚳：择取蚁卵为醢。

⑩ 来降燕，乃睇（dì）：郑注《月令》：“言降者，若时始自天来。”睇，《大戴礼记》传：“睇者，眄（miǎn）也。眄者，视可为室者也。”本句大意是说：燕子不知从何处降下，在寻找做窝（巢）之处。

⑪ 剥鱓（tuó）：《大戴礼记》传曰：“以为鼓也。”鱓，古通“鼍（tuó）”。鼍，爬行动物，又名“鼍龙”“猪婆龙”，即鳄鱼，背尾有鳞甲。皮可冒鼓。

⑫ 仓庚：黄莺、黄鹂。

⑬ 荣芸，时有见稊，始收：荣，繁盛，茂密。收，王聘珍《大戴礼记解诂》：“始收者，言是芸于正月发稊之时始肢矣。”此句意为芸菜在正月刚发芽（嫩）时采取。

为祭祀的供品了。堇菜、蘩菜长得都很茂盛。昆虫都已出动，可以挑选蚂蚁卵来做酱。燕子不知从什么地方飞来，在寻找地方做窝。这时正是捕杀鼍龙的好季节（它的皮可以做鼓）。黄莺鸣叫了。芸菜也开花了，应该在它刚发芽时及时采摘。

三月[①]：……摄[②]桑。委杨[③]。羚羊[④]。㲉[⑤]则鸣。颁冰[⑥]。采识。妾[⑦]子始蚕[⑧]。……祈麦实[⑨]。田鼠化为鴽拂桐[⑩]芭[⑪]。鸣鸠。

【译】三月：（皇后领着王妃和大臣的命妇斋戒后亲自

---

① 三月：夏历三月，今农历三月。

② 摄（shè）：《说文》："摄，引持也。"引申为"牵引""挂持""收拢""聚集"。

③ 委杨：自然飘拂之意也。委，《说文解字》段注："随其所如（往）曰委。"

④ 羚羊：《说文》段注："《夏小正》三月'羚羊'，传曰：羊有相逐之时，其类羚羚然，其矮（wě）羵（jī）之谓与。"矮羵，委积，积聚也。

⑤ 㲉（hú）：《传》释蝼蛄，郑玄、孔广森说"蛙也"。译文依郑、孔的说法。

⑥ 颁冰：《传》曰："颁冰也者，分冰以授大夫也。"《春秋左传·昭公四年》："日在北陆而藏冰""火出而毕赋"。"北陆""火出"都是古代天文、时令名称。毕赋，缴纳贡赋告一段落。火出，于夏为三月，于商为四月，于周为五月，故《小正》三月颁冰，《周礼》夏颁冰。

⑦ 妾：女奴隶。

⑧ 始蚕：开始采桑养蚕。

⑨ 祈麦实：这是指天子在三月见麦长势好而祈丰收也。

⑩ 桐：有梧桐、泡桐、油桐等品种，古书中的"桐"字多指梧桐。

⑪ 芭：花。王念孙说："《夏小正》：'三月拂桐芭。'《传》云：'言桐芭始生貌，拂拂然也。'《月令》云：'季春之月，桐始华，是也。'"

去）采摘桑叶。这时，杨柳已枝叶茂盛，随风飘拂。羊儿常积聚到一起。青蛙开始鸣叫了，朝廷把冰分给大臣。人们都去采摘蘩草当菜吃。妇女们开始忙于蚕事。天子祭祀天地神祇，祈祷麦子丰收。随着气候变化，田鼠变成了鹌。梧桐树开花。斑鸠鸟在鸣叫。

四月[①]：……鸣蚻[②]。囿有见杏[③]。鸣蜮[④]。王负秀[⑤]，取荼[⑥]。秀[⑦]幽[⑧]……攻驹[⑨]。

【译】四月：蚻开始鸣叫。杏树上已有杏子，青蛙叫声更响。苦菜也开花了，正是挖苦菜的时候。狗尾草正在结实……这时要调训马驹让它服役。

① 四月：夏历四月，今农历四月。

② 蚻（zhá）：《尔雅》曰："蚻，蜻蜻。"郭注曰："如蝉而小。"

③ 杏：杏子。

④ 蜮（yù）：依郑玄、王念孙说：蜮，蛙。

⑤ 王负秀：《礼记·月令》作"王瓜生"。王念孙说，《礼记·月令》之"王瓜"，当是瓠瓤、葵（kuí）姑，与《夏小正》之"王萯（fù）"并非一物。王念孙《广雅·疏证》引用《诗经·豳风·七月》"四月秀葽（yāo）"。郑《笺》："《夏小正》：'四月王萯秀'，葽其是乎？"葽是一种蔬菜。

⑥ 荼：《尔雅·释草》谓即"苦菜"。

⑦ 秀：草类结实。

⑧ 幽：王念孙《广雅疏证》："幽，葽语之转尔。""葽"今俗名"狗尾草"。

⑨ 攻驹：《大戴礼记》传："攻驹也者，教之服车，数舍之也。"调训马驹使习服役也。驹，少壮之马也。

五月[1]：鴂则鸣[2]……乃瓜[3]。良蜩鸣[4]匽[5]之兴[6]五日翕[7]，望[8]乃伏。启灌[9]蓝[10]蓼[11]。鸠为鹰。唐蜩[12]鸣……煮梅[13]。蓄兰[14]。颁马[15]。

【译】五月：伯劳鸟开始鸣叫。……这时要赶紧务艺瓜事。蝉叫了，它十五天蜕化生成，十五天就消亡了。要对丛

---

① 五月：《礼记·月令》曰“仲夏之月”。

② 鴂（jué）则鸣：《礼记·月令》作“鵙（jú）始鸣”。鴂，伯劳。

③ 乃瓜：《大戴礼记》传曰：“乃者，急瓜之辞也。”

④ 良蜩（tiáo）鸣：《礼记·月令》：“仲夏之月，蝉始鸣。”《初学记》卷三十亦说：“蜋（láng）蜩”，即“良蜩”，“如蝉而小，有文”。

⑤ 匽（yǎn）：王聘珍《大戴礼记解诂》：“读曰蝘（yǎn）。”《尔雅·释虫》：“《夏小正》传，螗蜩者蝘，俗呼为胡蝉，江南谓之螗蛦（tí）。”

⑥ 兴：起的意思。

⑦ 五日翕（xī）：《大戴礼记》传曰：“五日也者，十五日也。翕也者，合也。”合，是收缩，聚合的意思，当谓蝉之转化过程。

⑧ 望：十五也。

⑨ 启灌：《大戴礼记》传曰：“启者，别也。陶而疏之也。灌也者，聚生者也。”言开辟此丛生蓝蓼，分移使之稀散。实即俗称之“间苗”也。

⑩ 蓝：《说文》：“染者草也。”为土靛原料。

⑪ 蓼：《说文解字》：“蓼，辛菜，蔷虞也。”《段注》：“蓼为辛菜，故《内则》用以和。”《礼记·内则》曰：“脍，春用葱，秋用芥；豚，春用韭，秋用蓼。”

⑫ 唐蜩：《大戴礼记》传：“唐蜩者，匽也。”

⑬ 梅：果木名，早春开花，果实味酸，立夏后熟，生者为青梅，熟者为黄梅。古代用作调味。

⑭ 蓄兰：《大戴礼记》传曰：“蓄兰，为沐浴也。”蓄，积也。

⑮ 颁马：颁，分也。《大戴礼记》传曰：“分夫妇之驹也”。《礼记·月令》仲夏之月“游牝（pìn）别群”。郑注：“孕妊之欲止也。”意谓马驹气盛，为防止牝驹孕妊，放牧时与牡驹离群别居。

生的蓝草和蓼菜进行间苗，使它能更好地成长。布谷鸟开始向鹰转化，还有蝉在鸣叫。……煮梅，晾晒成梅干。积聚兰草沐浴，祓除不祥。把公马和雌马分群放牧。

六月[①]：……煮桃[②]、鹰始挚[③]。

【译】六月：煮桃（作为祭祀和馈赠食品）。鹞鹰开始搏杀别的动物。

七月[④]：秀[⑤]雚苇[⑥]。狸子肇[⑦]肆[⑧]。湟[⑨]潦[⑩]生苹[⑪]。爽[⑫]

① 六月：夏历六月，即今农历六月。

② 煮桃：《大戴礼记》传文谓："煮以为豆实也。"《礼记·月令》仲夏之月"以含桃（樱桃）先荐寝庙"。

③ 挚：通"鸷"。《说文》："鸷，击杀也。"

④ 七月：夏历七月，即今农历七月。

⑤ 秀：草类结实曰秀。

⑥ 雚（huán）苇：雚或作"萑（huán）"。王聘珍《大戴礼记解诂》引《诗经·七月》"八月雚苇"。《毛传》："薍（wàn）为雚，葭（jiā）为苇。"后说："初生者为菼（tǎn），长大为薍，成则名雚；初生者为葭，长大为芦，成则名苇。"孔广森《大戴礼记补注》："雚似苇而小，中实。"

⑦ 肇（zhào）：始。

⑧ 肆：可作"放纵""恣肆"讲。孔广森《大戴礼记补注》："肆，杀也，始习搏杀也。"译文依孔说。

⑨ 湟（huáng）：低洼积水的地方。

⑩ 潦（lào）：水淹、积水。

⑪ 苹：《尔雅·释草》："萍、蓱（píng）。其大者蘋（píng）。"《礼记·月令》季春之月，"萍始生"。

⑫ 爽：蔬。

死。荓秀[①]。寒蝉[②]鸣。

【译】七月：萑苇开花，狸子已开始搏杀鸡禽。低洼地的积水中长满了浮萍。蔬菜即将枯萎，马帚也开花了。节令将变，寒蝉在哀鸣。

八月[③]：剥瓜[④]。……剥枣[⑤]。栗零[⑥]。……鹿人从[⑦]。驾为鼠。

【译】八月：割瓜腌渍。从枣树上击打新枣。栗子成熟，从树上掉下来。……母鹿带领小鹿重新入群。鴽又在向田鼠变化。

---

① 荓秀：荓，《尔雅·释草》注："音并。"《疏》曰："荓草，似蓍（shī）者，可以为埽（sào）彗（huì）。故一名马帚。"似芦苇之长穗也。

② 寒蝉：一名寒蜩，似蝉而小。

③ 八月：夏历八月，即今农历八月。《礼记·月令》作"仲秋"。

④ 剥瓜：谓将瓜削切而腌渍为菹。剥，割；裂；削；切。

⑤ 剥枣：打枣。剥，通"扑"，击，打。

⑥ 栗零：栗子成熟后即自然坠落，毋用剥击也。零，《大戴礼记》传曰："零也者，降也。零而后取之，故不言剥（击）也。"

⑦ 鹿人从：《大戴礼记》传："鹿人从者，从群也。"王聘珍《大戴礼记解诂》："从者，随也。人从者，言如人之相从也。"

九月[①]：……遰[②]鸿雁[③]。……陟[④]玄鸟[⑤]蛰[⑥]。熊、罴、貊、貉、鼶、鼬则穴，若蛰而[⑦]。荣[⑧]鞠[⑨]树麦[⑩]。…… 雀入于海为蛤[⑪]。

【译】九月：……大雁迁往南方。……燕子飞得老高，最后也不知飞到哪里躲起来了。黑熊、黄罴、白豹、貉子、鼶鼠、鼬子全都顺应季令藏进洞里准备过冬。菊花开得十分茂盛。人们都在忙着种麦。……雀飞进海里变成了蛤蜊。

---

① 九月：夏历九月，即今农历九月。

② 遰（dì）：去也，往也。

③ 鸿雁：雁，为一种大型游禽，候鸟，大小外形，一似家鹅。

④ 陟（zhì）：升也。

⑤ 玄鸟：《大戴礼记》传曰："玄鸟者，燕也。"

⑥ 蛰（zhé）：伏也，昆虫伏藏。

⑦ 熊、罴（pí）、貊（mò）、貉（hé）、鼶（sī）、鼬（yòu）则穴，若蛰而：熊、罴、貊、貉、鼶、鼬这六科野兽，它们都是一到冬天就要顺应天时藏到洞里，像蛰伏似的。熊，《说文》："熊，兽。 似豕，山居，冬蛰。"罴，兽名，俗称人熊，大于熊。貊，同 "貊（mò）"。貊，本作"貘（mò）"。貉，字本作"貈（hé）"。《尔雅·释兽》： "貈子，貆（huán）。"王念孙《广雅疏证》说，"貒（tuān），獾（huān）也。"又说，"獾通作貒。"鼶，大田鼠，也作"鼸"。若，顺也。

⑧ 荣：繁食盛多，亦指开花。

⑨ 鞠：通"菊"。

⑩ 树麦：王聘珍《大戴礼记解诂》："树，谓艺植也。"

⑪ 雀入于海为蛤：《礼记·月令》季秋之月，"爵入大水为蛤"。 蛤，一种有介壳的软体动物，有蛤蜊、文蛤、玄蛤等名。雀入于海化为蛤蜊，这是古代的一种传说。

十月[1]：豺祭兽[2]。……黑鸟[3]浴[4]。……玄雉[5]入于淮为蜃[6]。

【译】十月：豺狗像人们祭祀摆供一样，把捕杀的禽兽都陈列在洞壁四周。……乌鸦飞上飞下地寻找食物。玄雉却已飞进淮河变成了蒲嬴（蚌）。

十一月[7]：……陨麋[8]角。

【译】十一月：麋鹿换角。

---

① 十月：夏历十月，即今农历十月。《礼记·月令》作“孟冬之月”。

② 豺（chái）祭兽：《吕氏春秋·季秋纪》：“豺，兽也，似狗而长毛，杀兽四面围陈之，所谓祭兽也。”豺，形体像狗，残忍凶猛似狼。

③ 黑鸟：乌鸦。

④ 浴：《大戴礼记》传文：“飞乍高乍下也。”

⑤ 玄雉：雉入孟冬，羽色转深，故曰玄雉。玄，黑色。

⑥ 蜃（shèn）：大蛤。

⑦ 十一月：夏历十一月，即今农历十一月，周历正月。《礼记·月令》作“仲冬之月”。

⑧ 麋：鹿属。麋鹿每年要换一次角。鹿，仲夏解角。麋，冬至解角。

十二月[1]：鸣弋[2]。元驹贲[3]。纳卵蒜[4]。

【译】十二月：老鹰鸣叫着，像箭一般地直射而下逮捉禽、兔。蚂蚁受阳气感动而在地下奔走。人们把刚长出来的小蒜献给君王。

① 十二月：夏历十二月，即今农历十二月。商历正月，周历二月。《礼记·月令》作“季冬之月”。

② 弋（yì）：以绳系箭而射，古称缴（zhuó）射。《大戴礼记》传：“弋也者，禽也。”王聘珍《大戴礼记解诂》：“弋，谓鸷鸟也，鹰隼之属。缴射曰弋，十二月，鹰隼取鸟，捷疾严猛，亦如弋射，故谓之弋。”现从王聘珍说。

③ 元驹贲（bēn）：《大戴礼记》传：“元驹也者，蚁也。”俗称蚂蚁。贲，通“奔”。

④ 纳卵蒜：把“卵蒜”献纳于君也。纳，《大戴礼记》传曰：“纳之何也，献之君也。”卵蒜，《大戴礼记》传曰：“卵蒜者也，本如卵者也。”段玉裁认为《夏小正》之“卵蒜”，“今之小蒜也”。

《春秋左传》选注

东周时，各诸侯大国都置有史官，记载国家大事。“《春秋》者，鲁史记之名也。”孔子根据“正名分，寓褒贬”的儒家观点，整齐书法，删修《春秋》，上起鲁隐公元年（公元前722年），下迄鲁哀公十四年（公元前481年），凡242年，为儒家经典之一。但文字过简，意义隐晦。

鲁史官左丘明，受经于孔子，采集诸侯各国史记，为之作传，是为《春秋左传》。

《左传》文笔简洁，记述生动，系统地反映了春秋时代诸侯各国的政治、军事和文化多方面的情况，是一部古代重要的文史巨著。其中也有涉及饮馔的少数资料，可与《周礼》《论语》诸书的资料对读，极具考证先秦饮食制度的参考价值。

颍考叔①为颍谷②封人③……公④赐之食。食舍⑤肉。公问之。对曰：“小人有母，皆尝小人之食矣；未尝君之羹，请以遗之。”

——《隐公元年》

---

① 颍考叔：春秋时郑国人。

② 颍谷：在今河南登封。

③ 封人：管理疆界的官吏。

④ 公：郑庄公，春秋时郑国之君。

⑤ 舍：同“捨”。弃去；捨弃。

【译】颍考叔是颍谷管理疆界的官员……郑庄公赏赐他饭食。吃饭时颍考叔将肉放在一边不吃。庄公问他为什么，他说："小人有母亲，尝遍了小人侍奉的食物，但没有尝过君王（赐）的肉羹，请让我带回去给她尝尝。"

苟有明信[①]，涧、溪[②]、沼[③]、沚[④]之毛[⑤]，苹[⑥]、蘩[⑦]、蕰藻[⑧]之菜，筐、筥[⑨]、锜、釜[⑩]之器，潢、汙[⑪]、行潦[⑫]之水，可荐[⑬]于鬼神，可羞[⑭]于王公。

——《隐公三年》

【译】如果虔诚，即使是山沟、小溪、池塘、沼泽生长的草芽、苹草、白蒿、水藻之类的野菜，竹筐、竹篮、锜、

---

① 明信：真心实意，虔诚。

② 涧、溪：都指山沟水。

③ 沼：弯曲的池塘。

④ 沚：水中小块陆地。

⑤ 毛：地上所生的植物。

⑥ 苹：籁蒿、籁萧。《尔雅·释草·郭注》："初生亦可食。"

⑦ 蘩（fán）：菊科，多年生草本植物，即白蒿。

⑧ 蕰（yùn）藻：一种丛生水草。

⑨ 筐、筥（jǔ）：都是竹制盛物器具，方的叫筐，圆的叫筥。

⑩ 锜（qí）、釜：都是金属烹饪器具；有脚的叫锜，无脚的叫釜。

⑪ 潢（huáng）、汙：都是积水，大的叫潢，小的叫汙。汙，同"污"。

⑫ 行潦（lǎo）：大雨后路上积水。

⑬ 荐：供上祭品。

⑭ 羞：这里是进献的意思。

釜之类的器具，大大小小的水潭和道路上的积水，都可以作为供品飨祭鬼神，进献王公。

是以清庙[①]茅屋[②]，大路[③]越席[④]，大羹[⑤]不致[⑥]，粢食[⑦]不凿[⑧]，昭[⑨]其俭也。

——《桓公二年》

【译】因此清庙用茅苇盖顶，大车用蒲席铺垫，肉汁不放作料，主食只吃没有舂过的糙米，这是表示节俭。

王[⑩]醇[⑪]醴，命晋侯[⑫]宥[⑬]。……赐之大辂[⑭]之服、戎辂[⑮]

① 清庙：宗庙，古代学者多以太庙、明堂……为一事，乃帝王宣明政教的地方。此处泛指诸庙。清，指清静。

② 茅屋：以茅苇盖屋顶。

③ 路：同“辂（lù）”，车的一种。此处指帝王诸侯所乘的车。

④ 越席：蒲草编结而成的席垫。

⑤ 大羹：肉汁。

⑥ 不致：不加作料，只用水煮。

⑦ 粢食（sì）：主食。

⑧ 凿：舂。

⑨ 昭：表示。

⑩ 王：指周天子。

⑪ 醇：通“飨”，设宴招待。

⑫ 晋侯：晋国国君。

⑬ 宥（yòu）：用酒回敬。

⑭ 大辂：天子赐给诸侯的一种车，配备有一定服装。

⑮ 戎辂：一种军车，也配备有一定服装。

之服，彤[①]弓一，彤矢百，玈[②]弓矢千[③]，秬[④]鬯[⑤]一卣[⑥]，虎贲[⑦]三百人。

——《僖公二十八年》

【译】周天子设盛宴并用甜酒招待晋侯，还允许晋侯用酒回敬自己。……赐给他大辂车、戎辂车和相应的服装，红色的弓一把，红色的箭一百支，黑色的弓（十把）和箭一千支，黑黍加香草酿成的一卣酒，勇士三百人。

冬，王[⑧]使周公阅[⑨]来聘[⑩]（晋），飨[⑪]有昌歜[⑫]、白黑[⑬]、形盐[⑭]。

——《僖公三十年》

---

① 彤：红色的，此指涂有红漆。

② 玈（lú）：亦做“卢”，黑色。《说文段注》认为是“鲈”的假借字。

③ 矢千：古代的一把弓按百支箭配备，这玈弓应是十把，省略未说。

④ 秬（jù）：黑黍，今之黑小米。

⑤ 鬯：用黑黍配成并捣香草合煮而成的酒，酒味芬芳爽口，古人用以敬神。

⑥ 卣（yǒu）：酒器。

⑦ 虎贲：勇猛的兵士。

⑧ 王：指周天子。

⑨ 周公阅：人名。

⑩ 聘：派使节访问。

⑪ 飨：设酒宴招待。

⑫ 昌歜（chù）：用菖蒲根，切成四寸，腌制而成的菜。

⑬ 白黑：用白米或黑黍掺和膏汁做成的糕。

⑭ 形盐：做成虎形的盐块。

【译】冬天，周天子派周公阅（到晋国）访问，宴请他的食品有腌制的菖蒲根、白米糕、黑黍子糕和虎形盐块。

郑穆公[①]使视客馆[②]，则束载[③]、厉兵[④]、秣马[⑤]矣。使皇武子[⑥]辞焉，曰："吾子淹久于敝邑，唯是脯资[⑦]、饩[⑧]牵[⑨]竭矣。"

——《僖公三十三年》

【译】郑穆公派人去探视（秦国来的）客人的馆舍，发现他们已经收拾完了，武器已磨擦锋利，马匹已喂饱。于是派皇武子辞谢他们，说："大夫们在我这里已经住得很久了，敝国的干肉、粮食和活牲口都已经告罄了。"

① 郑穆公：春秋时郑国国君。

② 客馆：此指秦穆公派到郑国准备在进攻郑国时作内应的杞子、逢孙、杨孙三人的住处。

③ 束载：行李已收拾好准备上车。

④ 厉兵：兵器磨擦一新。

⑤ 秣（mò）马：喂饱马匹。

⑥ 皇武子：郑国官员。

⑦ 资：粮食。

⑧ 饩（xì）：活的牲口。

⑨ 牵：可以牵着走的牲畜，如牛、羊等。

（晋灵公[①]不君），宰夫[②]胹[③]熊蹯[④]不熟，杀之，寘[⑤]诸畚[⑥]，使妇人载[⑦]以过朝。

——《宣公二年》

【译】（晋灵公违反为君之道）厨师没有把熊掌煮熟，就将他杀了，放在畚箕里，让女人顶在头上从朝廷上走过。

楚人献鼋[⑧]于郑灵公[⑨]。公子宋[⑩]与子家[⑪]将见。于公之食指[⑫]动，以示子家，曰："他日[⑬]我如此，必尝异味。"及入，宰夫[⑭]将解[⑮]鼋，相视而笑。公问之，子家以告。及食大夹鼋，召子公而弗与也。子公怒，染指于鼎，尝之而

① 晋灵公：春秋时晋国国君。

② 宰夫：诸侯所用的厨师。

③ 胹（ér）：煮。

④ 熊蹯（fán）：熊掌。

⑤ 寘（zhì）：同"置"。

⑥ 畚（běn）：用草编成的盛物器具。

⑦ 载：这里是顶在头上的意思。

⑧ 鼋（yuán）：大鳖。今之甲鱼，或叫脚鱼。

⑨ 郑灵公：春秋时郑国之君。

⑩ 公子宋：字子公。

⑪ 子家：公子归生字。均为春秋时郑国公子。

⑫ 食指：第二指。

⑬ 他日：从前。

⑭ 宰夫：诸侯所用的厨师。

⑮ 解：剖开切块。

出。公怒，欲杀子公。子公与子家谋先。子家曰："畜老，犹惮杀之，而况君乎？"反谮[①]子家。子家惧而从之。夏，弑灵公。

——《宣公四年》

【译】楚国人献给郑灵公一只大甲鱼。公子宋和子家将要进见。公子宋的食指忽然颤动起来，就给子家看，说："从前我一有这种现象，就一定会尝到珍奇异味。"进去后，厨师正要解剖甲鱼，两人对看着笑了起来。郑灵公问他们为什么笑，子家就把刚才的事告诉灵公。到把甲鱼分赐给大夫们吃时，把公子宋也召来了，但却不给他吃。公子宋发怒了，把手指头在鼎里蘸了一下，尝了尝就退出去了。郑灵公发怒，要杀死公子宋。公子宋和子家策划先下手。子家说："牲口老了，要杀死还有顾忌，何况国君呢？"公子宋就反过来诬陷子家。子家害怕，只好顺从。夏天，杀了郑灵公。

（申丰[②]对曰：）"古者日在北陆[③]而藏冰，西陆[④]朝

---

① 谮（zèn）：说别人的坏话，诬陷，中伤。

② 申丰：春秋时鲁国季氏家臣。

③ 北陆：指虚宿和危宿两个星宿，地球公转至此为小寒和大寒，正是极冷季节。

④ 西陆：指昴（mǎo）宿和毕宿两个星宿，两宿在早上出现时正当清明、谷雨时节，天气转暖。

觌[1]而出之。其藏冰也，深山穷谷，固[2]阴[3]沍[4]寒，于是乎取之。其出之也，朝之禄位[5]，宾[6]、食[7]、表[8]、祭[9]，于是乎用之。其藏之也，黑牡[10]、秬黍[11]以享[12]司寒[13]。其出之也，桃弧[14]棘矢[15]，以除其灾。其出入也时。食肉之禄[16]，冰皆与焉。”

——《昭公四年》

【译】（申丰回答说：）“在古代，太阳在虚宿和危宿的位置时就藏冰，昴宿和毕宿在早上出现时就将冰取出移到冰窖中。藏冰时，要到深山幽谷中，阴冷之气凝聚的地方去

---

① 觌（dí）：显现。

② 固：凝固。

③ 阴：寒气。

④ 沍（hù）：凝聚。

⑤ 朝之禄位：指卿、大夫、士。

⑥ 宾：迎宾。

⑦ 食：指官员每日所食。

⑧ 表：指尸床下所置的冰以防腐。

⑨ 祭：指祭祀时盛冰于大口盘内。

⑩ 黑牡：黑毛公羊。

⑪ 秬黍：黑色黍子。

⑫ 享：同“飨”，设酒宴以待，这里指祭神。

⑬ 司寒：冬令之神，名玄冥。

⑭ 桃弧：用桃木为弓。

⑮ 棘矢：以棘为箭。

⑯ 食肉之禄：指其禄位足以食肉的。

凿取。取出冰后，凡是朝廷上有禄位的人，如遇到迎宾、用餐、丧事、祭祀等事，都可以取用。藏冰时，要用黑毛公羊和黑色黍子来祭祀冬神。取冰时，门上要挂上桃木弓、荆棘箭来消灾解难。藏冰和取冰都要按四季行事。凡是够得上肉食资格的官员，都可以分到冰块。”

公[①]曰：“和与同异乎？”（晏子[②]）对曰：“异！和如羹焉，水、火、醯、醢、盐、梅，以烹鱼肉，燀[③]之以薪，宰夫和之，齐之以味，济[④]其不及[⑤]，以泄其过[⑥]。君子食之，以平其心。……故《诗》[⑦]曰：‘亦有和羹，既[⑧]戒[⑨]既平[⑩]。鬷嘏[⑪]无言[⑫]，时靡有争[⑬]。’…… 若以水济之，谁能食之？

① 公：指齐国国君。

② 晏子：春秋时齐国大夫。

③ 燀（chǎn）：烧煮。

④ 济：增添。

⑤ 不及：指酸、咸不够就多加一些盐、梅。

⑥ 泄其过：指太酸或太咸就加水使变淡。泄，减少。

⑦《诗》：古代诗歌总集《诗经》，这里引的是其中的《商颂·烈祖》篇。

⑧ 既：已经。

⑨ 戒：告诫，这里指告诫宰夫。

⑩ 平：使味道适中。

⑪ 鬷（zōng）嘏（jiǎ）：嘏，今本《诗经》作“假”，鬷假，进献神灵使精诚上述。

⑫ 无言：没有过错，神灵无所指摘。

⑬ 时靡有争：朝野上下肃敬齐一都无争议。

若琴瑟之专壹[①]，谁能听之？同之不可也如是。”

——《昭公二十年》

【译】齐侯问：“相和与相同不一样吗？”晏子答道：“不一样。相和好比是做羹汤，用水、火、醋、酱、盐、梅子来烹调鱼肉，还要用柴火烧煮。厨吏调和味道，在于使之适中，味道太淡要想办法使之变浓，味道过于浓厚，又要设法使之变淡。君子吃了这种羹汤，就会心平气和。……所以《诗经》上说，‘也有调和得好的羹汤，既然提醒厨吏就能把味道调和得恰到好处。奉献给神灵，神灵也没有说话，朝野上下同心肃敬也没有争议。’……（如果）用白水去调和白水，谁能吃得下去呢？像琴瑟只发出一种声调，谁能听得下去呢？仅仅只是相同（而不相和）不可行，其道理就是如此。”

昔阖庐[②]食不二味[③]……在军，熟食[④]者分[⑤]而后敢食，其所尝[⑥]者，卒乘[⑦]与焉。

——《哀公元年》

① 若琴瑟之专壹：是说食品味道清淡，像琴瑟如果只发出一种声音，就不能成为音乐。

② 阖（hé）庐：春秋时吴国国君。

③ 二味：另做一道菜，今谓“小灶”。

④ 熟食：煮熟做好的食物。

⑤ 分：人人得到他的份额。

⑥ 所尝：指所尝到的美味佳肴。

⑦ 乘：驾车，这里指车夫。

【译】从前（吴王）阖庐吃饭不单吃小灶……在军队中，做好了的食物必须等士兵们都得到一份之后自己才吃，他所尝到（的美味佳肴），士兵和车夫们也可以尝到。

《论语》选注

孔子（公元前551—前479年），名丘，字仲尼。鲁之昌平乡人。

孔子开私人讲学私家著述之风，为春秋末的大思想家、政治家、教育家，不仅是儒家的宗师，也是诸子的前导。据《汉书艺文志》，孔子门人将孔子言行记录辑纂成书，是为《论语》。全书二十篇，广泛记述孔子为政、做人的言行，是为儒家思想的典范。其第十篇《乡党》，多记孔子日常琐事及生活态度，盖“孔子还家，教化于乡党中”，涉及生活教育，因此，摘取其中有关饮馔部分译注之。

子曰①：“君子②食无求饱，居无求安。”

——《学而》

【译】孔子说：“有德行的人，吃饭不要求饱足，居住不要求安逸”。

---

① 子曰：孔子说。

② 君子：此处指有道德的人。

子曰："贤哉，回也！一箪[①]食[②]，一瓢饮[③]，在陋巷，人不堪其忧，回也不改其乐。"

——《雍也》

【译】孔子说："贤德的颜回啊！一竹篮饭、一匏瓢饮水，居住在破陋的巷里，人都受不了穷苦的忧愁，而颜回却没有改变他学习的快乐。"

子曰：自行束脩[④]以上，吾未尝无诲[⑤]焉。

——《述而》

【译】孔子说："自己主动送上一束干肉的薄礼，我总是愿意教导他的。"

子曰："饭疏食、饮水[⑥]、曲肱[⑦]而枕之，乐亦在其中矣。不义而富且贵，于我如浮云[⑧]。"

——《述而》

---

① 箪（dān）：古代盛饭的一种圆形竹器。

② 食：饮食。

③ 瓢饮：用匏（páo）瓢饮水。

④ 束脩：是十条干肉。古代用作见面的薄礼。后来引申为拜师的学费。

⑤ 诲：教导。

⑥ 饮水：古代热水叫汤，凉水叫水。

⑦ 肱（gōng）：臂，胳膊。

⑧ 浮云：如浮云之无有，漠然无动于衷。

【译】孔子说："吃着糙米饭，喝着凉水，疲倦时屈着胳膊当枕头，也就自得其乐了。如果做不正义的事而求得发财和升官，我是好像对浮云一样漠心不关心的。"

齐①必变食②。

——《乡党》

【译】斋戒的日子，一定要改变平常的饮食习惯。

食③不厌④精，脍不厌细。

——《乡党》

【译】粮食不嫌舂得精，肉和鱼不嫌切得细。

食饐而餲⑤，鱼馁⑥而肉败⑦，不食。

——《乡党》

---

① 齐（zhāi）：通"斋"，斋戒。

② 变食：周王室的膳食制度，周王日吃三顿饭。第一顿饭杀牲做肴馔，其余的两顿饭只吃第一顿的剩菜（据《周礼·天官·膳夫》），周王如此，其余的人自然是不能每顿都吃新做的菜肴了。但是在斋戒之日，就每顿都要吃新鲜的，以取其洁净，这就叫"变食"。

③ 食：粮食。

④ 不厌：康有为注："言以是为善，非谓必如是也。"

⑤ 饐（yì）、餲（ài）：两个字的意思都是说食物经久而变质腐臭。

⑥ 馁（něi）：腐烂的鱼。

⑦ 败：腐肉。

【译】饭食变味或有霉腐气，鱼烂了，肉腐了，不再吃。

色恶[①]，不食；臭恶[②]，不食。

——《乡党》

【译】食物的颜色变坏了，不吃；食物的气味难闻了，不吃。

失饪[③]，不食；不时[④]，不食。

——《乡党》

【译】烹调得生熟不当的食物，不吃；不是应季的食物，不吃。

割不正[⑤]，不食；不得其酱[⑥]，不食。

——《乡党》

【译】不按规矩切割的肉食，不吃；调味用的酱类，与食物不相宜，不吃。

---

① 色恶：颜色变坏。

② 臭恶：气味难闻。臭，气味。

③ 失饪：烹饪不熟或过熟。

④ 不时：有两说：一说，五谷不成，果实未熟，非吃之时节；二说，郑玄注："不时者，非朝夕日中时，非其时则不食。"

⑤ 割不正：割是指宰杀牲畜时肢体的分解。古人对牲体的解割有一定的方法，不按规定方法解割叫不正。

⑥ 不得其酱：食肉用酱类，各有所宜。不得其酱，即未用相宜的酱。酱，调味的。

肉虽多，不使胜食气[1]。

——《乡党》

【译】宴席上的肉类虽多，但吃肉的量不要超过饭食。

唯酒无量[2]，不及乱[3]。

——《乡党》

【译】饮酒没有规定的数量，但不要喝到神志昏乱。

沽酒市[4]脯不食[5]。

——《乡党》

【译】从市上买来的酒和干肉，不吃。

不撤[6]姜食，不多食。

——《乡党》

【译】每餐必须有姜，但也不能多吃。

---

① 食气：饮食。我国传统认为日常饭食以谷物为主，肉是用以佐饭的。

② 唯酒无量：人的饮酒量因人而不同，故不作限量。

③ 乱：神态昏乱。

④ 沽、市：都是买的意思。

⑤ 不食：邢昺（bǐng）疏："酒不自作未必精洁，脯不自作不知何物之肉故不食也。"

⑥ 撤：去。

祭于公[①]，不宿肉[②]。祭肉[③]不出三日[④]。出三日，不食之矣。

——《乡党》

【译】助君祭祀的肉，不存放过夜。家祭的肉，不存放过三天。存放过三天的肉，就不再吃了。

食不语，寝不言[⑤]。

——《乡党》

【译】吃饭的时候不多交谈，睡觉时不要说话。

虽疏食[⑥]菜羹[⑦]，苽[⑧]祭必齐[⑨]如也。

——《乡党》

【译】虽然吃的是粗糙的饭食，蔬菜做的羹汤，食前必

① 祭于公：周代大夫、士有助君祭祀之礼。助祭于君即祭于公。

② 不宿肉：助祭于公后带回或被颁赐的祭肉，因为已经过了一两宿，故不再存放过夜。

③ 祭肉：家祭的肉。

④ 不出三日：不存放过三天。因存放三天，肉必腐败了。

⑤ 食不语，寝不言：吃饭时必须精神安静，才能辨别肴馔的滋味，促进食欲，有利于消化。如饮食时高谈阔论，必分散精神，食而不知其味，甚至引起食物进入气管而呛咳，故不宜谈话。寝是卧眠，宜静，如言语，不但影响自己入眠，也会惊扰他人，故不言语。

⑥ 疏食：有两解：一为粗粮，古代以稷为粗粮；一说指糙米，粮食舂得不精。

⑦ 菜羹：菜类做的羹汤。

⑧ 苽：菰，一作“蒋”，即茭白。其籽实为古代主要粮食之一。康注：“古人饮食，（在食前将席上）每种各出少许，置之豆间之地，以祭先代始为饮食之人，不忘本也。”

⑨ 齐：这里为恭敬的样子。

定要恭恭敬敬地祭一祭。

席不正不坐[①]。

——《乡党》

【译】席子铺得不端正不坐。

乡人饮酒[②]，杖者[③]出，斯出矣。

——《乡党》

【译】举行乡饮酒礼后，要等待持杖的老人都出去了，自己再出去。

君赐食，必正席先尝之。君赐腥，必熟而荐之。君赐生，必畜之[④]。

——《乡党》

【译】君王赐的食物，一定要端正座席先尝一尝。君王赐的是生肉，一定要烹熟了，先供奉祖先。君王赐的是活物，一定要饲养起来（待祭祀时用）。

---

① 席不正不坐：周代尚未有桌椅，人们以芦蒲等草类编成垫席，吃饭时在席上坐（或跪）着吃。孔子要求，地上铺的席的四边，必须与屋子的四边相应平行，以表示态度的端正和仪态的严肃，如果歪歪斜斜地放，则不就坐。

② 乡人饮酒：行乡饮酒礼。

③ 杖者：老人。杖，持也。古人六十杖于乡。

④ 康注："正席先尝，如对君也。既尝之，乃以颁赐。腥生肉熟，而荐之祖考、荣君赐也。畜之者，仁君之惠，无故不敢杀也。"

侍食于君、君癸，先饭[①]。

——《乡党》

【译】君王召自己共进饭时，当君王行饭前祭礼的时候，自己先吃饭。

有盛馔[②]，必变色而作[③]。

——《乡党》

【译】遇到肴馔丰盛的招待，一定要表情严肃地起立致谢。

① 先饭：邢昺（bǐng）疏："侍食于君、君祭，先饭者，谓君召已共食时也，于君祭时则先饭矣。若为君尝食然。"康注："侍食者，君祭则己不祭而先饭，若代膳夫为君尝食。"

② 盛馔：丰富的菜肴。

③ 作：起立。邢昺疏："有盛馔必变色而作者，谓人设盛馔待己，己必改颜而起，敬主人之亲馈也。"

《孟子》选注

孟子（约公元前372—前289年）。名轲，字子舆。邹（今山东邹县东南）人。受业于子思的门人。学成周游，事齐宣王、梁惠王，俱不见用。有《孟子》七篇（其弟子公孙丑、万章等撰），以阐述孔子学说。周赧王三十六年（公元前289年）卒，年八十四。

《孟子》辨理明晰，比喻生动，偶及饮食的内容，也足供后人参考。

不违农时，谷不可胜[①]食也；数罟[②]不入洿[③]池，鱼鳖不可胜食也，斧斤[④]以时入山林[⑤]，材木不可胜用也。谷与鱼鳖不可胜食，材木不可胜用，是使民养生丧死无憾[⑥]也。养生丧死无憾，王道之始也。

——《梁惠王上》

【译】不在农忙时去（征兵征工），那么粮食就会吃不尽了。不让细密的渔网到大池子里去捕鱼，那么鱼鳖也会

---

① 胜（shēng）：尽。

② 数（shuò）罟（gǔ）：细密的渔网。古代为了保留鱼种，对网的密度曾作出规定。

③ 洿（wū）：大。

④ 斤：斧的一种。

⑤ 以时入山林：按规定的时间进山砍树。古代砍伐树木的时间是有规定的。

⑥ 憾（hàn）：恨。

吃不完了。不让人们在规定不准砍伐的时间砍伐树木，那么木材就用不完了。粮食和鱼鳖吃不完，木材用不完，就可使百姓对生养死葬不会产生不满。百姓对生养死葬没有什么不满，就是王道的开始。

庖[①]有肥肉，厩[②]有肥马，民有饥色，野有饿莩[③]，此率[④]兽而食人也。

——《梁惠王上》

【译】厨房里有肥美的肉，马栏里有肥壮的马，但百姓却面有饥色，野外有饿死的尸体，这实际上是带领着兽类来吃人呀。

（孟子曰：）五欲行之，则盍[⑤]反其本矣。五亩之宅，树之以桑，五十者可以衣[⑥]帛[⑦]矣。鸡、豚[⑧]、狗、彘[⑨]之畜，无失其时，七十者可以食肉矣。百亩之田，勿夺其时，八口

① 庖：厨房。

② 厩（jiù）：马栏。

③ 莩（piǎo）：指饿死的人。

④ 率：带领。

⑤ 盍（hé）：何不，表示反问或疑问。

⑥ 衣：穿。

⑦ 帛（bó）：丝织物的总称。

⑧ 豚（tún）：小猪。

⑨ 彘（zhì）：大猪或野猪。

之家可以无饥矣。

——《梁惠王上》

【译】（孟子说：）王如果要实行（仁政），那为什么不从根本上着手呢？在五亩大的园子里，栽种桑树，五十岁以上的人就可穿上丝织品了。鸡、狗、小猪、大猪都能饲养，不乱宰乱杀，七十岁以上的人就可以吃上肉了。每家给一百亩土地，不去妨碍其生产，八口人的家庭就可以吃得饱饱的了。

饥者易为食，渴者易为饮。

——《公孙丑上》

【译】饥饿的人不选择食物，口渴的人不选择饮料。

以粟易械器[①]者，不为厉[②]陶冶[③]；陶冶亦以其械器易粟者，岂为厉农夫哉？

——《藤文公上》

【译】农夫用粮食换取锅、甑和农具，并不损害制陶匠和铁匠的利益；制陶匠和铁匠用锅、甑和农具（向农夫）换取粮食，难道损害了农夫的利益吗？

① 械器：这里指釜、锅之类的炊器和蒸饭用的瓦甑，以及铁制农具等。

② 厉：病害。

③ 陶冶：制作陶器、铁器的匠人。

阳货[1]瞯[2]孔子之亡[3]也，而馈孔子蒸豚。

——《藤文公下》

【译】阳货探知孔子不在家的时候，给孔子送去一只蒸熟了的小猪。

“昔者有馈生鱼于郑子产[4]，子产使畜池。校人[5]烹之，回报曰：‘始舍之，圉[6]圉焉，少则洋洋[7]焉，攸然[8]而逝。’”

——《万章上》

【译】从前有人送条活鱼给郑国的子产，子产交给管池塘的人养起来，那人却煮着吃了，回报说：‘刚放进池子里，它奄奄一息地像活不了了，过了一会儿却摇着尾巴活跃起来，一下子就向深水中游去了。’”

告子[9]曰：“食色，性也。”

——《告子上》

---

① 阳货：春秋时鲁国人，又叫阳虎，是季氏的家臣，并把持季氏的权柄。

② 瞯（kàn）：通“瞰”，窥视。

③ 亡：不在家。

④ 郑子产：春秋时郑国大夫公孙侨，字子产，为著名政治家。

⑤ 校人：管理池沼的小吏。

⑥ 圉（yǔ）：困而不舒的样子。

⑦ 洋洋：摇着尾巴舒缓的样子。

⑧ 攸然：形容很快向深水游去的样子。

⑨ 告子：战国时人，姓告，名不详，兼治儒墨之学，曾学于孟子。

【译】告子说："饮食和男女，这是人的本性。"

（孟子曰：）五谷者，种之美者也；苟为不熟，不如荑稗[①]。

——《告子上》

【译】（孟子说：）五谷是庄稼中好的种类，如果没有成熟，就连稊子和稗子都不如。

（孟子曰：）饥者甘食，渴者甘饮，是未得饮食之正也，饥渴害之也。

——《尽心上》

【译】（孟子说：）饥饿的人觉得任何食物都是美味的，干渴的人觉得任何饮料都是香甜的，这时已不知道饮料和食物的正常滋味了，是味觉受到饥饿和干渴的损害的缘故。

曾皙[②]嗜羊枣[③]，而曾子[④]不忍食羊枣。公孙丑[⑤]问曰：

① 荑（tí）稗（bài）：荑，同"稊"。稊、稗都是稗类植物，结子很小，有硬壳，可以作饲料或酿酒，古人也用以备荒。

② 曾皙（xī）：名点，孔子的学生。

③ 羊枣：一种小柿子，初生时色黄，成熟后变黑，像羊屎，故名。俗称"牛奶柿"。

④ 曾子：名参，孔子的学生，曾点之子。

⑤ 公孙丑：孟子的弟子。

“脍炙与羊枣孰美？”孟子曰：“脍炙哉！”公孙丑曰：“然则曾子何为食脍炙而不食羊枣？”曰：“脍炙所同也，羊枣所独也。”

——《尽心下》

【译】曾皙喜欢吃羊枣，可是曾子却不忍吃羊枣。公孙丑问道：“烤肉和羊枣哪一种好吃？”孟子答道：“当然是烤肉呀！”公孙丑又问：“那么曾子为什么吃烤肉而不吃羊枣呢？”答道：“因为烤肉大家都喜欢吃，而羊枣只是个别人喜欢吃呀！”

口之于味，有同耆也。

——《告子上》

【译】口对于味道，有相同的嗜好。

孟子曰：“鱼，我所欲也，熊掌亦我所欲也；二者不可得兼，舍鱼而取熊掌者也。……”

——《告子上》

【译】孟子说：“鱼是我所喜欢的，熊掌也是我所喜欢的；如果两者不能并有，便牺牲鱼，而要熊掌。……”

孟子曰：“人之于身也，兼所爱。兼所爱，则兼所养也。无尺寸之肤不爱焉，则无尺寸之肤不养也。所以考其善不善者，岂有他哉？于己取之而已矣。体有贵贱，有小大。无以小害大，无以贱害贵。养其小者为小人，养其大者为大人。今有场师，舍其梧槚[①]，养其樲[②]棘[③]，则为贱场师焉。养其一指而失其肩背，而不知也，则为狼疾[④]人也。饮食之人，则人贱之矣，为其养小以失大也。饮食之人无有失也，则口腹岂适为尺寸之肤哉？”

——《告子上》

【译】孟子说：“人对于身体，哪一部分都爱护。都爱护便都保养。没有一尺一寸的皮肤肌肉不爱护，便没有一尺一寸的皮肤肌肉不保养。考察他护养得好或者不好，难道有别的方法吗？只是看他所注意的是身体的哪一部分罢了。身体有重要部分，也有次要部分；有小的部分，也有大的部分。不要因为小的部分损害大的部分，不要因为次要部分损害主要部分。保养小的部分的就是小人，保养大的部分的便是君子。假若有一位园艺家，放弃梧桐、楸树，却去培养酸枣、棘荆，那就是一位很坏的园艺家。如果有人只保养他的一个手指，却丧失了肩头、背脊，自己还不明白，那便是糊涂透顶的人了。只是讲究吃喝（而不顾思想意识的培养）的人，人家却轻视他，因为保养了小

① 梧槚（jiǎ）：梧，梧桐。槚，楸树，又为茶树古名。梧桐、楸树均为好木料。

② 樲（èr）：酸枣。

③ 棘：荆棘。

④ 狼疾：疾，这里通“藉”。狼藉，昏乱也。

的部分，丧失了大的部分。如果讲究吃喝的人不影响思想意识的培养，那么，吃喝的目的难道仅仅为着口腹的那小部分吗？”

《管子》选注

管仲，春秋时齐国颍上人，名夷吾。幼时家贫，后为桓公相，称仲父。行富国强兵之法，是古代著名的大政治家。

《管子》亦称《筦（guǎn）子》，今存七十五篇，亡佚十一篇。由战国末期多人陆续纂辑而成，并非管仲自著之书。

古代富国强兵，首重民食。书中所论，极重视如何使人民丰衣足食，因此颇多涉及当时的饮食状况，足资今人参考。

仓廪实则知礼节，衣食足则知荣辱。……

积于不涸之仓者，务①五谷②也；藏于不竭之府者，养桑麻；育六畜也。

务五谷则食足，养桑麻③、育六畜则民富。

——《牧民》

【译】粮食富裕，人们就知道遵守礼节；衣食丰足，人们就懂得荣誉和耻辱。……

那些积存在取之不尽的粮仓里的，就是努力生产出来的粮食；那些贮藏在用之不竭的府库里的，就是种植桑麻、饲养六畜的产品。

---

① 务：从事。

② 五谷：麻、黍、稷、麦、豆。此处泛指粮食。

③ 养桑麻：植桑养蚕，种麻织布。

努力生产粮食，吃食就会充足；种植桑麻、饲养六畜，百姓就会富裕。

故曰，山泽[①]救[②]于火，草水殖[③]成[④]，国之富也；沟渎[⑤]遂[⑥]于隘[⑦]，障水[⑧]安其藏[⑨]，国之富也；桑麻殖于野，五谷宜其地[⑩]，国之富也；六富育于家，瓜瓠[⑪]、荤[⑫]菜、百果备具，国之富也。

——《立政》

【译】所以说，山林水草丛生的地方不发生火灾，草木繁殖成长，国家就会富足；沟渠全线畅通，堤坝中的水不泛滥成灾，国家就会富足；田野遍布桑麻，因地制宜种植五谷，国家就会富足；家里饲养六畜，培植各种瓜果、蔬菜，国家就会富足。

---

① 泽：水草丛杂的地方。

② 救：防止。

③ 殖：繁殖。

④ 成：成熟。

⑤ 沟渎（dú）：沟渠。

⑥ 遂：畅通。

⑦ 隘（ài）：狭窄的地方。

⑧ 障水：用堤坝把水围起来。

⑨ 安其藏：使不泛滥成灾。

⑩ 宜其地：因地制宜。

⑪ 瓠：瓠瓜。这里泛指葫芦一类的瓜果。

⑫ 荤：当时指葱、蒜、韭一类的蔬菜。

（齐桓公[①]）北伐山戎[②]，出冬葱[③]与戎叔[④]，布[⑤]之天下[⑥]。

——《戎》

【译】（齐桓公）北伐山戎，拿出（所得到的）冬葱和胡豆等，于是全中国到处都栽种这些植物。

屠牛坦[⑦]朝[⑧]解九牛，而刀可以莫[⑨]铁，则刃游间[⑩]也。

——《制分》

【译】宰牛的屠夫坦一天宰割九只牛，而屠刀还能削铁，是刀刃总是在（筋骨的）空隙处活动的缘故。

① 齐桓公：春秋时齐国国君，五霸之一。

② 山戎：我国古代北方民族之一，亦称北戎，居住在今河北省东部，春秋时和齐、郑、燕等国接壤。

③ 冬葱：葱的一种，茎较柔细，通称小葱。

④ 戎叔：又称胡豆，一说今之豇豆，一说今之豌豆或蚕豆。叔，通“菽”，豆类。

⑤ 布：散布，推广。

⑥ 天下：古代谓中国即世界，天下即指中国。

⑦ 坦：人名，以屠牛为业。

⑧ 朝：一天。

⑨ 莫：削的意思。

⑩ 间（jiàn）：空隙处。

饮食者也，侈乐者也。民之所愿①也。足②其所欲，赡③其所愿，则能用之耳。今使衣皮而冠角，食野草，饮野水，孰能用之？伤心者④不可以致功⑤。故尝至味⑥而罢至乐⑦，而雕卵而瀹⑧之，雕橑而爨⑨之。……富者靡之，贫者为之。

——《侈靡》

【译】饮食、娱乐，都是老百姓所向往的。满足他们的欲望，供给他们需要的，就可以驱使他们了。要是再让他们身披兽皮、头戴牛角、吃野草、喝生水，那么谁能驱使他们呢？心情痛苦的人是做不好工作的。所以说富人吃够了美好的饮食，听腻了美好的音乐，就是吃蛋也要先涂上彩画然后煮食，烧木柴也要先雕上花纹然后燃烧。……富人所浪费的，正是穷人所生产的。

① 愿：希望。

② 足：满足。

③ 赡（shàn）：供给。

④ 伤心者：心情痛苦的人。因富者奢靡而有余，贫者窘迫而不足，就有伤心之情了。

⑤ 致功：尽力把事情办好。致，尽力。功，事功。

⑥ 尝至味：品尝最美好的滋味。

⑦ 罢至乐：听腻了最好的音乐。罢，通“疲”。

⑧ 雕卵而瀹（yào）：把蛋品涂上彩画然后煮食。雕，画饰，雕刻。瀹，煮。或谓句前“而”字为“夫”字之误。

⑨ 雕橑（liáo）而爨：把木柴雕上花纹然后焚烧。橑，木柴。

淡[1]也者，五味之中[2]也。

——《水地》

【译】（水的）味淡，它可以用五味调和。

凡食之道：大充[3]，形伤而不臧[4]；大摄[5]，骨枯而血沍[6]。充摄之间[7]，此谓和成[8]。

——《内业》

【译】饮食的规律：过于饱食，会使人体受损而没有好处；过于饥饿，会使骨骼萎缩而血气不和。饱和饥掌握得好，则身体各部分协调而得到营养。

故立身[9]于中[10]，养[11]有节[12]，宫室足以避燥湿[13]，食欲足

① 淡：指水是无味的。

② 中：居中调和。

③ 大充：过饱。

④ 不臧：不利。

⑤ 大摄：过饥。

⑥ 沍（hù）：闭塞，凝滞。

⑦ 间：这里为分寸，距离之意。

⑧ 和成：协调，滋长。

⑨ 立身：为人处世。

⑩ 中：这里为适当、适中之意。

⑪ 养：泛指生活享受。

⑫ 节：有限度，能节制。

⑬ 燥湿：日晒雨淋。

以和血气[①]，衣服足以适寒温。

——《禁藏》

【译】因此，为人处世要适当，生活享受要有节制，房屋只要能防避日晒雨淋就行，饮食只要能保证营养健康就行，衣服只要能防寒避暑就行。

当春三月，萩[②]室熯[③]造[④]，钻燧易火[⑤]，杼[⑥]井易水，所以去兹[⑦]毒也。

——《禁藏》

【译】在春季三月，要把灶里的火点燃，熏烤室内，更换钻木取火用的木料，淘井换水，这是为了驱除其中的毒气。

① 和血气：调节疲劳，增进健康。和，调和。血气，精力。

② 萩（qiū）：用火熏烤。

③ 熯（rǎn）：通“燃”。

④ 造：古通“灶”。

⑤ 钻燧（suì）易火：是说古代钻木取火，所用木料要随着季节不同而更换，以防中毒。燧，古代取火的器具。

⑥ 杼：“抒（shū）”之误。抒，淘。

⑦ 兹：这些。

夏有大露原烟[①]，曀[②]下[③]百草，人采食之伤人。人多疾病而不止，民乃恐殆。君令五官之吏[④]，与三老[⑤]、里有司[⑥]、伍长[⑦]行里[⑧]顺[⑨]之，令之家起火为温[⑩]，其田及宫中[⑪]皆盖井，毋令毒下及食器，将[⑫]饮伤人。

——《度地》

【译】夏天的露水和瘴气，凝聚不散，降落在各种草木上，人采下来吃了就要生病。生病的人多了而不能治好，人民就会感到恐惧和危险。国君要命令各级官府的主管官吏和下层行政人员一道去村子里巡视，进行教育，命令家家户户生火熏烤室内，田地和院落里的水井都要盖起来，不要让毒物污染食品和器具，以免他们使用时中毒。

（管子曰：）“其在味者，酸、辛、咸、苦、甘也。味

① 原烟：地气、瘴气。

② 曀（yì）：阴暗，引申为凝聚、笼罩的意思。

③ 下：降落。

④ 五官之吏：指各级官府主管的官吏。官，通“管”，管理。

⑤ 三老：乡、县中五十岁以上被推举来掌管教化的人员。

⑥ 里有司：古时五家为一邻，五邻为一里，设“里有司”来管理。

⑦ 伍长：古代五家为一伍，设伍长。三老、里有司、伍长都是下层行政管理人员。

⑧ 行里：在村子里巡视。

⑨ 顺：通“训”，教育，教训。

⑩ 起火为温：生火熏烤。

⑪ 宫中：院落内。

⑫ 将：持，拿。

者，所以守[1]民口[2]也。”

——《揆度》

【译】（管子说：）“就味觉来说，有酸、辣、咸、苦、甜。辨别这五味，是为了控制人们的食欲。”

（管子曰：）“君终岁[3]行[4]邑[5]里[6]，其人力同而宫室[7]美者，良萌[8]也，力作者也，脯二束、酒一石[9]以赐之。”

——《揆度》

【译】（管子说：）“国君每年应经常到全国居民聚居的地方去巡视，凡是劳动力和别家相同而住房却很美好的人，一定是好百姓，是勤劳耕种的人，国君要赏给他两束干肉、一石酒以示奖励。”

① 守：管理、控制。

② 口：指口腹之欲，饮食。

③ 终岁：一年到头，这里指经常。

④ 行：巡视。

⑤ 邑：古代区域单位，其范围根据具体情况而定，此处指诸侯之国。

⑥ 里：古代居民聚居之地，五家为邻，五邻为里。

⑦ 宫室：古代住房的通称，宫指四周，室指屋内。

⑧ 良萌（méng）：良民。萌，民众。

⑨ 石（dàn）：古代容量名，十斗为一石。又古代重量名，三十斤为钧，四钧为石，今通常以百斤为一石。

昔尧[1]之五吏[2]无所食，君请立五厉[3]之祭，祭尧之五吏，春献兰[4]，秋敛[5]落[6]，鳏[7]以为脯，鲵[8]以为肴。若此，则泽鱼之征[9]，百倍异日。

——《轻重甲》

【译】从前唐尧有五个功臣，死后没有后人祭祀，请君王为这五位立祀，祭奠尧的功臣。春天供奉兰草，秋天敬献五谷，用大鱼做成鱼干，用小鱼做成菜肴进行祭祀。这样，国家所获得的渔税收入，将比过去增加百倍。

神农[10]作，树[11]五谷于淇山[12]之阴[13]，九州[14]之民乃知谷

---

① 尧：传说中远古时代氏族酋长，被后人尊为五帝之一。

② 五吏：古代五种有专门技能的重要官职的合称。

③ 厉：古代把功臣无后代，而死后又无人祭祀报答其功劳，致使无所归宿而成为所谓厉鬼者，称“厉”。

④ 兰：一种名贵的香草。

⑤ 敛：收聚。

⑥ 落：收获，这里指秋季收获的谷物。

⑦ 鳏（guān）：鱼名。此处指大鱼。

⑧ 鲵（ní）：小鱼。

⑨ 泽鱼之征：渔税。

⑩ 神农：传说中远古时代的帝王，最先发展农业。

⑪ 树：种植。

⑫ 淇（qí）山：山名，在今河南北部。

⑬ 阴：向南的一面。

⑭ 九州：古代中国行政区划的总称，意即“天下”。

食，而天下化[①]之。燧人[②]作钻燧生火以熟荤臊，民食之无胘[③]胃[④]之病，而天下化之。

——《轻重戊》

【译】神农氏兴起，在淇山南坡种植了农作物，天下的人从此才知道用粮食做食物，使人类得以进步发展。燧人氏兴起，用钻燧取火，把兽肉煮熟来吃，人们就不容易患胃病了，使人类得以进步发展。

① 化：滋长。

② 燧人：传说中远古时代的帝王，最先发明用火。

③ 胘（xián）：胃的厚处。

④ 胃（wèi）：同“胃”。

《韩非子》选注

《韩非子》是集先秦法家学说大成的代表。韩非（约公元前280—前233年），战国末期哲学家，法家的主要代表人物。出身韩国贵族。后在秦国受李斯、姚贾陷害自杀。后人搜集其遗著，并加入他人论述韩非学说的文章，编成《韩非子》一书，共五十五篇、二十卷。全书内容主要阐述其政治主张、论辩明析、笔力恣肆；又善以寓言故事、曲为解说、隐作讽喻，涉及社会生活的各个方面。本篇即择其中有关饮馔部分加以注译。

桓公①好味②，易牙③蒸其子首④而进之。

——《二柄》

【译】齐桓公嗜好美味、饮食，易牙就把他儿子的头蒸熟了送上去做菜吃。

---

① 桓公：春秋时齐桓公，襄公之弟，名小白。任管仲为相，九合诸侯，一匡天下，终其身为诸侯的盟主。管仲死后，桓公信任竖刁、易牙、开方等，怠于政事，霸业也就衰败了。

② 好（hào）味：嗜好美味。好，喜爱、嗜好。

③ 易牙：一作狄牙，名巫，善以饮食的美味取悦齐桓公，桓公用他为管饮膳的飨人。

④ 首：头，脑袋。

由余[①]对曰："臣闻昔者尧有天下，饭于土簋[②]，饮于土铏，其地南至交趾[③]，北至幽都[④]，东西至日月之所出入者，莫不宾服[⑤]。尧禅[⑥]天下，虞舜受之，作为食器，斩山木而财之[⑦]，削锯修之迹[⑧]，流漆墨其上[⑨]，输[⑩]之于宫以为食器，诸侯以为益侈，国之不服者十三。舜禅天下而传之禹，禹作为祭器，墨染[⑪]其外，而朱画[⑫]其内，缦帛为茵[⑬]，

---

① 由余：春秋时晋国人。本晋人，逃于戎，奉使至秦，秦缪公认为他是人才，留住不放，降秦。为秦策划伐戎之策，开地千里。

② 饭於土簋：意为用土钵吃饭。饭，吃饭。

③ 交趾：古地区名，泛指五岭以南。或称南交。

④ 幽都：春秋时郕文公的都城。在今山东邹县一带。

⑤ 宾服：《礼记·乐记》："诸侯宾服"，谓诸侯按时朝贡天子，表示服从。

⑥ 禅（shàn）：禅让，以帝位让人。

⑦ 斩山木而财之：伐下山上树木，再经过砍削加工。斩，砍。财，通"裁"，割裂；裁开。

⑧ 削锯修之迹：用小刀之类的刮具削去锯痕刀迹，使之光滑。削，用刀切去物体的表层。修，作整治解。

⑨ 流漆墨其上：在物体上刷上漆。流，《说文》："水行也"，指液体的流动，此处引申为用液体涂刷。墨，书写用的颜料，此处引申为涂抹。

⑩ 输：运送。

⑪ 染：陈奇猷曰："漆、染二字义同。"皆指用漆着色。

⑫ 朱画：用红色颜料涂饰。

⑬ 缦帛为茵：指用平纹的丝织品做褥毯。缦帛，无纹彩的丝织物。茵，褥子、毯子之类。

蒋席颇缘[①]，觞酌有采[②]，而樽[③]俎有饰，此弥侈矣。而国之不服者三十三。夏后[④]氏没，殷[⑤]人受之，作为大路，而建九旒[⑥]，食器雕琢，觞酌刻镂，白[⑦]壁垩墀[⑧]，此弥侈矣。而国之不服者五十三。君子皆知文章矣，而欲服者弥少。臣故曰俭其道也。”

——《十过》

【译】由余回答说："小臣听说从前帝尧统领天下的时候，用土钵子盛饭吃，以瓦罐子喝水，当时的国土南到交趾，北至幽都，东西竟到了日月出没的地方，各地诸侯莫不服从，向天子进贡。帝尧禅让天下，虞舜即位，为制作饮食用的器皿，砍下山上的树木，裁成小段，削磨掉斧锯的粗糙痕迹，再刷上漆，送往宫里，作为食具。诸侯认为太奢侈，于是有十三个侯国不服从天子了。虞舜把天下禅让给禹，禹制作祭祀用的食具，外面涂饰了黑漆，里面画了红色的花

① 蒋席颇缘：镶了宽边的菰草编席。

② 觞（shāng）酌有采：酒器都饰以彩绘。觞，古代的酒盅。酌，饮酒或斟酒。此处引伸为酒勺，也是酒具。

③ 樽：酒杯。

④ 夏后：夏禹为夏后，因国而氏。

⑤ 殷：武王伐纣，商子孙分散，以殷为氏。

⑥ 九旒（liú）：车上悬垂很多饰物。旒，或作"斿（liú）"，郑玄曰："旒，旌旗之垂者也。"旌旗下边悬垂的饰物。

⑦ 白：原作"四"。顾广圻曰："四当作白，白壁与垩墀对文。"据此改。

⑧ 垩（è）墀（chí）：涂饰了有色土的台阶。垩，本意为白色土，引伸为凡涂有色土，谓之垩。墀，台阶。

纹，用平纹的丝织品制褥毯，用蒋草编成阔边的席子，酒盅和酒勺都饰有彩绘，矮的酒坛、浅的盆盘都装饰花俏，这就更奢侈了。于是不服从的侯国增加到三十三个。夏禹死后，殷人持住，制造天子的大车，用许多悬垂的旗饰来装饰，食具用玉石雕琢而成，酒盅、酒勺都刻镂花纹，白色的墙壁、彩色的台阶，褥子和垫席都饰有凸起的花纹，这就更加奢侈了，而不服从的侯国也就达到了五十三个。君王都喜爱华丽的花纹，而能够服从的侯国却越来越少。所以小臣认为只有节俭才是应该采取的（治国）道路。”

昔者纣①为象箸②而箕子③怖④。以为象箸必不加于土铏，必将⑤犀⑥玉之杯。象箸玉杯必不羹菽藿⑦，则必旄、象、豹

---

① 纣：商纣，帝乙子，名辛。有才勇而好淫乐，为周武王所灭。

② 象箸：象牙筷子。《礼记·玉藻》：“笏，天子以球玉，诸侯以象。”象箸、象笏都是以象牙所制。

③ 箕子：与商纣同姓诸侯，名胥馀，封子爵，国於箕。纣无道，箕子谏之，不听。商纣亡，封於朝鲜。

④ 怖：惶恐。怖，一作烯（xī），或唏。烯，悲伤。《论衡》有云，纣作象箸而箕子泣，泣之者，痛其极地。唏，同“烯”。泣，声同义近。

⑤ 将：拿，捋。

⑥ 犀：犀牛。犀牛角是解毒退热的药材，古代贵族用犀牛角制酒盅，可防毒；制带钩，是贵重的装饰品。

⑦ 藿（huò）：指豆子和豆叶熬的浓汤。藿，豆类植物的叶子。

胎[1]。旄、象、豹胎必不短褐[2]而食于茅屋之下，则锦衣九重[3]，广室高台，吾畏其卒[4]，故怖其始。居五年，纣为肉圃[5]，设炮烙[6]、登糟邱[7]、临酒池[8]，纣遂以亡。故箕子见象箸以知天下之祸。故曰："见小曰明。"

——《喻老》

【译】从前，商纣制作象牙筷子，箕子因而感到惶恐。认为象牙筷子是绝不同瓦钵子沾边的，一定要同犀牛角玉石的杯子配套。象牙筷、玉杯也绝不会用来食用豆子和豆菜熬的浓汤，是用来盛牦牛、象肉和乳豹之类珍贵食品的。牦牛、象肉和乳豹也绝不是穿着粗衣陋服在茅屋中吃的，而是穿着锦绣衣服，在帝王宫阙之内、宽广的房屋、高敞的楼台中吃的。我惧怕将来的结果，因此对不好的开端感到悲伤和不安。过了五年，商纣建造了肉圃，设置了炮烙，踏着酒槽堆成的山丘，到酒池边去饮酒，结果商纣就覆亡了。箕子见

① 旄（máo）、象、豹胎：都是珍贵的食品。旄，牦牛。豹胎，未出生的小豹，为乳猪之属。《吕氏春秋·本味篇》："肉之美者旄象之约。"

② 短褐（hè）：据诸家校，短褐当作"裋（shù）褐"。裋，古时贫苦人所穿粗陋之衣。褐，粗麻或兽毛制成的短衣，古时贫苦人所穿。裋褐与下文锦衣对文。

③ 九重：指帝王所居处所。《楚辞·九辩》："君之门以九重。"

④ 卒：终极，结果。

⑤ 肉圃：指肉食集中的地方。圃，种植瓜菜的园地。

⑥ 炮烙：松皋园谓炮烙本为膰炙，后以为刑具。烙，又读为格，炮格乃为铜格布火其下，欲食者于肉圃取肉置格上，炮而食之。如今烤肉的吃法。

⑦ 糟邱：糟丘，酒糟堆成的小山丘。

⑧ 酒池：大储酒池，极言其大。

到象牙筷子就知道国家的祸事将要临头，所以说：“能从小事而推见大事，这就叫作‘明’。”

昭僖侯[①]之时，宰人上食而羹中有生肝焉。昭侯召宰人之次[②]而谯[③]之曰：“若何为置生肝寡人[④]羹中？”宰人顿首服死罪曰：“窃欲去尚[⑤]宰人也。”

——《内储说下》

【译】昭僖侯的时候，厨师端上的浓汤中有生肝。昭侯把厨师的副手叫来责问道：“为什么把生肝放在寡人的浓汤中？”厨师叩头承认死罪说：“因为我私下里想把掌管厨房的人除去。”

文公[⑥]之时，宰臣[⑦]上炙而发绕之。文公召宰人而谯[⑧]之

① 昭僖侯：据尹桐阳说，昭僖侯即韩昭侯。《吕氏春秋》作“昭厘侯”。

② 次：副手，指掌厨人的二把手。

③ 诮（qiào）：责问。

④ 寡人：古代诸侯自称。

⑤ 尚：通“掌”。古代管理宫庭事务的人。秦置“六尚”。

⑥ 文公：晋文公，名重耳，晋献公诡诸的次子。

⑦ 宰臣：春秋时诸侯管理家务的家臣。

⑧ 谯（qiào）：同“诮”，谴责，呵斥。

曰："女[①]欲寡人之哽[②]邪？奚为以发绕炙？"宰人顿首[③]再拜请曰："臣有死罪三，援砺砥刀[④]，利犹干将[⑤]也，切肉，肉断而发不断，臣之罪一也。援木[⑥]而贯脔[⑦]而不见发，臣之罪二也。奉炽炉，炭火尽赤红，而炙熟而发不烧[⑧]，臣之罪三也。堂下得微[⑨]有疾臣者乎？"公曰："善"。乃召其堂下而谯之，果然，乃诛之。

——《内储说下》

【按】下段说"晋平公觞官"，大意与此段相同，不别录。

【译】晋文公的时候，家臣端上烤方肉，有头发绕在上面。晋文公召进管膳食的宰人，呵斥道："你想把寡人哽死吗？为什么要把头发缠绕在烤方肉上面？"宰人连连叩头，请罪说："小臣有死罪三条：用磨刀石磨了刀子，像干将剑一般锋利，切肉一切就断，却没有把头发切断，这是小臣的第一条罪状。用荆条把肉块穿起来，却没有发现头发，这是小臣的第二条罪状。奉命准备炊爨的炉子，炉中的炭火烧

① 女（rǔ）：同"汝"，你。

② 哽（gěng）：食物塞在喉部不能下咽。

③ 顿首：叩头。

④ 援砺（lì）砥刀：拿磨刀石磨刀子。援，取；拿。砺，磨刀石。

⑤ 干将：传说中的古代名剑。

⑥ 木：陈奇猷曰："古者贯肉以木。"

⑦ 脔（luán）：切成块状的肉。

⑧ 而炙熟而发不烧：前"而"字衍，陈奇猷校，此句当作"肉熟而发不烧"。

⑨ 得微：王引之曰："得微"即"得无"，犹今"难道没有……"。

得赤红，肉烤熟了，头发却没有烧掉，这是小臣的第三条罪状。是不是殿堂之下有嫉妒小臣的人呢？”晋文公说：“对呀。”于是召唤殿堂之下的人来责问，果然如此，就处死了那个人。

孔子御坐[①]于鲁哀公[②]，哀公赐之桃与黍，哀公：“请用”。仲尼[③]先饭黍而后啗[④]桃，左右皆揜[⑤]口而笑，哀公曰：“黍者，非饭之也，以雪[⑥]桃也。”仲尼对曰：“丘知之矣。夫黍者五谷之长也，祭先王为上盛[⑦]。果蓏有六，而桃为下，祭先王不得入庙。丘之闻也，君子以贱富贵，不闻以贵富贱。今以五谷之长雪瓜蓏之下，是从上雪下也，丘以为妨义，故不敢以先于宗庙之盛也。”

——《外储说左下》

【译】孔子陪侍鲁哀公坐，哀公赏给他桃子和高粱。哀公说：“请吃吧。”仲尼先把高粱吃了，然后再吃桃子。左右的人都掩口讪笑。哀公说：“高粱不是当饭吃的，是用来揩拭桃

① 御坐：侍坐。御，侍奉。

② 鲁哀公：春秋时鲁定公之子，名蒋。

③ 仲尼：孔子名丘，字仲尼。

④ 啗（dàn）：“啖”的异体字，或作“噉”。吃或给别人吃。

⑤ 揜（yǎn）：同“掩”，掩盖、遮蔽。

⑥ 雪：擦拭。

⑦ 上盛：盛放在祭器里的上等物品。

子（绒毛）的。”仲尼回答说：“我知道哩。要说高粱，可是五谷中最好的东西，是祭祀先王的上等物品。瓜果有六种，桃子是最低级的，不能拿到宗庙里去祭祀先王。我只知道君子应该用低级的东西去揩干净高级的东西，却没有听说用高级的东西来揩拭低级的东西。如今拿五谷中上好的东西来揩拭瓜果中最低级的东西，就是以尊贵去服务低贱哩，我认为这不合乎道理。因此，不敢把桃子放在宗庙中贵重盛品之上了。”

管仲①有病，桓公往问之，曰：“仲父病，不幸卒于大命②，将奚以告寡人？”管仲曰：“微③君言，臣故将谒④知。愿君去竖刁、去易牙，遣卫公子开方。易牙为君主味，君惟人肉未尝⑤，易牙蒸其子首而进之；夫人之情莫不爱子，今弗爱其子，官能爱君？……臣闻之：‘矜⑥伪不长，盖⑦虚不久。’愿君去此三子者也。”管仲卒，桓公弗行，及桓公死，虫出尸而不葬。

——《难一》

---

① 管仲：春秋时人，名夷吾，与鲍叔牙友善，相齐桓公，称仲文。

② 大命：人的寿命、寿缘。本书《扬权篇》：“天有大命，人有大命。”

③ 微：无。《诗·邶风·式微》：“微君之故，胡为乎中露？”毛传：“微，无也。”

④ 谒：说明，表白。《国策·秦策》：“臣请谒其故。”高诱注：谒，白。

⑤ 尝：同“嚐（cháng）”，品评滋味。

⑥ 矜：自夸。俞樾（yuè）谓，矜乃务之误字。陈奇猷谓矜自夸也，于文亦通。

⑦ 盖：掩盖。

【译】管仲生了病，齐桓公去探问，说："仲父生病了，万一不幸寿缘已尽，有什么话告知寡人呢？"管仲说："要不是君王说起，小臣也是要去陈说的。希望君王能赶走竖刁、除去易牙，远远避开卫国公子开方。易牙是着意涉足君王口腹之欲的人，您唯独没有尝过人肉的味道，易牙居然把他儿子的脑袋蒸熟了端上来。须知人的常情是没有不爱自己儿子的，如今他不爱自己的儿子，怎么会爱君王呢？……小臣听说过：'以伪情自夸的人是长远不了的，掩饰虚情的人也是不会太久的。'希望君王除掉这三个家伙呀。"管仲死之后，齐桓公并没有照办，到了桓公死后，（由于诸公子争立，他的尸体上）蛆虫爬出了门外还得不到下葬。

酸、甘、咸、淡，不以口断而决于宰尹[①]，则厨人轻君而重于宰君矣。……人主不亲观听而制断[②]直下，托食[③]于国者也。

——《八说》

【译】酸、甜、咸、淡各种味道，不亲口去品尝、判断，却听管厨的官说好道坏，那么厨师就轻视君王的意见，

① 宰尹：管理诸侯厨膳的官。宰，司厨人。《大戴记·保傅》："宰，膳夫。"尹，《广雅·释诂》："尹，官也。"

② 制断：或作"断制"专断，专权。

③ 托食：《说文》："托，寄也。"托食，寄食。"托食于国"，谓君王徒有其名，不过寄食在国土之内而已。

而去注意管厨官的反应了。……君王不亲自去观察倾听，却由下面的人去专断，岂不等于在这个国家吃闲饭一样。

上古之世……民食果蓏蚌[1]蛤，腥臊恶臭而伤腹胃，民多疾病，有圣人作[2]，钻燧取火[3]以化[4]腥臊，而民说[5]之，使王天下，号之曰燧人氏。

——《五蠹》[6]

【译】上古时代……人们生食瓜果和蚌蛤，腥臊的恶臭气味，损害了肠胃，因此人们经常患病。后来有超凡的圣人出世了，用烧焦的木头摩擦而生出火来，消除了（生食中的）腥臊气味，人们感到高兴，拥戴他来管理天下，名为“燧人氏”。

① 蚌（bàng）：同“蚌”。

② 作：兴起。

③ 钻燧取火：燧，古代取火器。《淮南子·本经训》有“钻燧取火”句，即钻木取火。

④ 化：改变，消除。

⑤ 说（yuè）：通“悦”。

⑥ 《五蠹（dù）》：全文近四千七百字，是先秦说理文进一步发展的作品，可以反映出韩非文章的一般特点。作者举出了大量的事实，于对比中指出古今社会的巨大差异，论据充分，词锋锐利，推理事实切中肯綮。

《黄帝内经·素问》选注

《黄帝内经》是我国现存最早的一部重要医学文献，包括《素问》《灵枢》两书。《灵枢》论述针灸医学的基础理论，《素问》托为黄帝与岐伯问答，论述医学基础理论，阐述阴阳、藏象、经络、病因、病机、诊法、治则等方面的医学原理，其中不少论述至今仍广泛指导中医学的理论与实践，是我国最早的中医理论著述。

《隋书·艺文志》始录《黄帝素问》九卷，但《汉书·艺文志》仅录《黄帝内经》，而不及《素问》。有人认为这本书是秦汉间人总结前人旧说而成。故书中有些理论不尽一致。唐王冰为之作注始传。

《素问》书中因论医学而涉及饮食，多半是养生治疗之道，因此择其关系较为密切者注译之，以供参考。

岐伯[①]对曰："上古之人其知道[②]者，法于阴阳[③]，和于

① 岐伯：传说中上古时的医家。据说是黄帝之臣。帝使岐伯遍尝草木，典主医病。其名见于现存最早的医书《内经》。《内经》托名黄帝与岐伯讨论医学，相互问答，著为《内经》，是我国医书之祖。事虽无从考辨，但其书总结我国古代医学成果可以无疑。

② 道：普遍的规律。

③ 阴阳：阴阳是我国古代用来解释宇宙间事物变化的一种哲学思想。古代医学应用阴阳的概念说明脏腑、经络的生理、病理等内容。但此处泛指一切盛衰消长相辅相成的道理。

术数[1]，食饮有节，起居有常，不妄作劳，故能形与神俱，而尽终其天年[2]，度百岁乃去[3]。今时之人不然也，以酒为浆[4]，以妄为常，醉以入房，以欲竭其精，以耗散其真[5]，不知持满[6]，不时御神[7]，务快其心，逆于生乐，起居无节，故半百而衰也。”

——《上古天真论篇第一》

【译】岐伯回答说：“上古时懂得养生之道的人，取法于阴阳之道，调节于养身之术，饮食有节制，作息按常规，不要过于操劳，所以能做到身体与精神同样健旺，活足应该享受的天年，过上一百年方才去世。但现时的人却不同了，把酒当作日常饮料，习于胡作妄为，醉酒之后想行房事，因以贪欲而耗竭精气，由于虚耗而散失真元，不懂得保持精气的充盈，时时都在过度地使用精力，只求一时的高兴，而违背养生的好处，作息毫无规律。因此，到五十岁就衰老下去。”

① 术数：《汉书·艺文志》以天文、历谱、五行、蓍（shī）龟、杂占、形法为术数。此处指养生的方法和道理，所谓养生之道。

② 天年：人的自然寿命。

③ 去：这里指去世。

④ 浆：泛指饮料。

⑤ 真：指真气、真元，是维持生命的要素。古代医学认为是先天的精气和后天的谷气相合而成真气。

⑥ 持满：保持精气的充盈。

⑦ 御神：使用精神。神，指精神、精力。

高梁[1]之变，足生大丁[2]，受如持虚[3]。

——《生气通天论篇第三》

【译】精食美味的影响，足以诱发大的疔疮，其受病侵蚀之易就像在空罐子里装东西一样。

因而饱食，筋脉横解[4]，肠澼[5]为痔；因而大饮，则气逆[6]……

——《生气通天论篇第三》

【译】由于吃得过饱，胃肠间筋脉因食物充塞而受到横逆损伤，就会引起痢疾而形成疥疮；或因贪杯狂饮，就会气不顺而上逆……

阴之所生，本在五味；阴之五宫[7]，伤在五味。是故，

① 高梁：泛指肉食美味。高，同“膏”，动物肥肉油脂。梁，同“粱”，精美的粮食。

② 丁：同“疔”，疔疮。

③ 虚：这里指空的盛具。

④ 横解：横逆损伤。王冰注：“甚饱则肠胃横满，肠胃满则筋脉解不属，故肠擗而为痔也。”

⑤ 肠澼（pì）：痢疾。澼，漂洗。

⑥ 气逆：气不顺。《痹论》曰：“‘饮食自倍，肠胃乃伤’。此伤之信也。”

⑦ 五宫：五脏，心、肝、脾、肺、肾五个脏器的总称。各具藏精气的功能。

味过于酸，肝气以津[①]，脾气乃绝；味过于咸，大骨[②]气劳[③]，短肌[④]，心气抑[⑤]；味过于甘，心气喘满[⑥]，色黑，肾气不衡[⑦]；味过于苦，脾气不濡[⑧]，胃气乃厚[⑨]；味过于辛，筋脉沮[⑩]弛[⑪]，精神乃央[⑫]。是故，谨和五味，骨正筋柔，气血以流，腠理[⑬]以密，如是则骨气以精[⑭]。谨道如法[⑮]，长有天命[⑯]。

——《生气通天论篇第三》

【译】阴精之所以产生，在于饮食的五味；而藏精的五脏，却又因饮食五味的不当受到损害。因此，饮食过多的酸味，会使肝气盈溢，使脾气渐渐衰绝。饮食过咸，大骨就会

---

① 津：犹言津津，满溢的样子。

② 大骨：高骨，指手腕部靠近拇指一侧高起之骨，是诊脉部位的依据。

③ 气劳：困顿疲惫。

④ 短肌：指肌肉萎缩。短，缺少，不足。

⑤ 抑：压抑不舒。

⑥ 喘满：气不舒而呼吸急促则喘，超过极限为满。

⑦ 衡：平。

⑧ 濡：浸润。

⑨ 厚：厚重、胀满。

⑩ 沮（jǔ）：败坏。

⑪ 弛：松懈毁坏。

⑫ 央：尽，竭。又同“殃”。

⑬ 腠（còu）理：今同义，指肌肉文理。而中医学认为，腠，汗孔也。理，肉纹也。

⑭ 精：纯质。

⑮ 法：养生之道。

⑯ 天命：天年，指自然寿命。

过度劳损，肌肉萎缩，心气压郁。饮食过多的甜味，就会心气不舒而感到胀满，肤色发黑，肾气不得平衡。饮食过多的苦味，使脾气得不到润泽，胃气就感到厚滞满胀。饮食过多的辛辣，筋脉就受到损坏而松弛，精神也会受到损害。所以说，能注意调和饮食的五味，就能使骨骼正直而筋脉柔畅，气血也因而流通，腠理也就此固密，于是骨气也会刚强起来。严格认真地按照养生之道的法则去做，就能享有自然赋予的寿命。

水为阴，火为阳。阳为气①，阴为味②。味归③形④，形归气，气归精⑤，精归化。精食⑥气，形食味。化生⑦精，气生形。味伤形，气伤精。精化气，气伤于味。

——《阴阳应象大论篇第五》

【译】水属阴，火属阳。阳表现为人体功能，阴则为具有五味的饮食。饮食滋养人的形体，健全的形体才能有健全的功能，经过功能的转化才可取得饮食中的精华，于是因有

① 气：指人体内气机运行的变化和升降开阖，如脏腑的功能活动及气血、津液的输布流注等。

② 味：食物之味，泛指食物。

③ 归：转化、生成、滋养……一切由这一事物到那一事物的过程。

④ 形：形体，包括内在的与外在的形体、脏腑、血脉、骨肉等。

⑤ 精：饮食中赖以养生的因素。

⑥ 食（sì）：作动词解，仰求给养也。

⑦ 生：生成、化生。

精华滋养进而生化。饮食中精华的摄取有赖于人体的功能，形体的长成有赖于饮食的营养。唯其有生化乃需摄取食物的精华，只有赖于人体的功能乃需使形体长成。但饮食失节又反过来损伤形体，功能使用过度也不能摄取食物的精华。食物的精华可能转化为功能，而功能又会因饮食失调而受到损害。

酸伤筋，辛胜酸。

——《阴阳应象大论篇第五》

【译】饮食过多的酸味能伤筋，而辛辣味可以抑制酸味。

草[①]生五味，五味之美，不可胜极。嗜欲不同，各有所通。……地食[②]人以五味……五味入口，藏于肠胃，味有所藏，以养五气，气和而生，津液[③]相成，神乃自主。

——《六节藏[④]象论篇第九》

【译】各种可食植物各具五味，五味优美适口，不可能一一遍尝。人的口味嗜好虽然不同，但各不同种味道却影响各个脏腑。……大地供给人们以五味……五味由口食入，藏之于肠胃。食物经过储藏转化，以养五脏之气，五脏之气又

① 草：此泛指一切可食的植物。

② 食：这里同“饲（sì）”。

③ 津液：津和液的合称，指人体中分泌的液体。津随卫气而散布，濡润肌肉、充养皮肤；液随精血而滋濡，滑利关节、补益脑髓、灌濡孔窍等作用。

④ 藏：同“脏”，下同。

与五味的谷气结合而生津液、润脏腑、补精髓，使神气自然健旺起来。

是故多食咸，则脉凝注[1]而变色；多食苦，则皮槁而毛拔；多食辛，则筋急而爪[2]枯；多食酸，则肉胝[3]胸[4]而唇揭[5]；多食甘，则骨痛而发落。此五味之所伤也。故心欲[6]苦，肺欲辛，肝欲酸，脾欲甘，肾欲咸。此五味之所合也。

——《五藏生成篇第十》

【译】所以说，多吃咸味的食物，就会使血脉涩滞不畅、肤色变异；多吃苦味的食物，就会使皮肤枯槁、毛发脱落；多吃辛辣的食物，会使筋脉动急、指甲枯槁；多吃酸味的食物，就会使肌肉厚结皱缩、嘴唇翻起；多吃甘甜的食物，就会骨骼疼痛、毛发脱落。这些病态都是过分偏食五味所造成的伤害。因此，心脏喜爱苦味，肺脏喜爱辛味，肝脏喜爱酸味，脾脏喜爱甜味，肾脏喜欢咸味。这就是五味各与五脏相适合的道理。

---

① 凝注：凝滞而不得畅通。注，通“涩”。

② 爪：指甲。

③ 胝（zhī）：皮肤因长期摩擦而生的厚皮，即老茧。

④ 胸（zhòu）：意同“皱”。

⑤ 揭：掀开，掀起。

⑥ 欲：希求，喜爱。

黄帝[1]问曰：医之治病也，一病而治各不同，皆愈，何也？岐伯对曰：地势[2]使然也。故东方之域，天地之所始生[3]也，鱼盐之地，海滨傍水。其民食鱼而嗜咸，皆安其处，美其食。鱼者使人热中[4]，盐者胜血[5]，故其民皆黑色疏理[6]，其病皆为痈[7]疡[8]，其治宜砭石[9]。故砭石者，亦从东方来。

——《异法方宜论篇第十二》

【译】黄帝问道：医人治病，一种疾病而用不同的方法去治疗，却都能治愈，为什么？岐伯回答说：由于各处的地势不同，各有其适应的疗法。根据这个道理，东方地区为天地生发之所，鱼、盐出产之地，与海相接，与水相依。那里的人们吃的是鱼类，嗜好咸味，安于当地环境，以鱼盐为美味。但鱼为火性，多吃使人热积于中，而盐的咸味走血，耗伤血液，所以当地居民的肤色黑黝而肌肉松弛。其地多发病

① 黄帝：传说中中原各族的共同祖先。姬姓。生于轩辕之丘，故曰轩辕氏，国于有熊，亦曰有熊氏，少典之子。炎帝扰乱各部落，黄帝获各部落拥戴，败炎帝于阪泉。又击杀蚩尤于涿鹿，遂成部落联盟天子。相传文字、舟车、音律、医学、算数、货币、养蚕等均始于黄帝。

② 地势：此处含义较广。王冰注，地势，谓法天地生长收藏及高下燥湿之势也。

③ 始生：指万物生发之始。东方法春，生发之气始于东方。

④ 热中：中医认为鱼性属火，多食令人热中，热积于中，发为痈疡于外。

⑤ 盐者胜血：因盐入于血，少则养，过则害。多食伤血，故云。胜，制服。

⑥ 疏理：松弛的肌肉。理，肌肉纹理。

⑦ 痈（yōng）：恶性毒疮。

⑧ 疡（yáng）：溃疡。

⑨ 砭（biān）石：古代医疗工具。用尖石或石片刺激体表某些部位解除疾病痛苦。

是恶性毒疮和溃疡，适宜的治疗方法是砭石刺割。因此，砭石疗法是从东方传来的。

西方者，金玉之域[①]，沙石之地，天地之所收引[②]也。其民陵居[③]而多风，水土刚强，其民不衣[④]而褐[⑤]荐[⑥]，其民华食[⑦]而脂肥，故邪[⑧]不能伤其体，其病生于内[⑨]，其治宜毒药[⑩]。故毒药者，亦从西方来。

——《异法方宜论篇第十二》

【译】说到西方，是蕴藏金玉的沙漠山石之地，也是大自然施行收敛秋气之所。当地的人们临山陵而居，地高风大，水质土性刚强。当地的人们不讲究衣着，只求粗毛之服和草编之席，习食腴膏肥美，体形多胖。故四时的外邪难以侵害其形体，其犯病之由每缘内伤，治疗之法多用药攻。故

① 金玉之域：因西方为金玉蕴藏之地，故以其地刚。张志聪云："地之刚在西方，故多金玉砂石。"

② 收引：此言秋日收敛气象。收，止息，结束。引，犹言引退。张志聪云："天地降收之气，从西北而及于东南。"

③ 陵居：以高陵为居处。因西方地高，民居高陵，故多风。

④ 不衣：不考究衣服。衣，衣服。

⑤ 褐（hè）：粗毛或粗麻所织衣服。

⑥ 荐（jiàn）：这里是草垫（草编卧席）的意思。

⑦ 华食：肥美的食物。

⑧ 邪：四时不正之气，能伤人致病者，谓之邪。

⑨ 内：指形体内部的损伤。

⑩ 毒药：治病的药物。《周礼·天官·医师》："掌医之政令，聚毒药以共医事。"

药物疗法，也是从西方传来的。

北方者，天地所闭藏[①]之域也，其地高凌居，风寒冰冽[②]。其民乐野处[③]而乳食[④]，藏寒生满病[⑤]，其治宜灸焫[⑥]。故灸焫者，亦从北方来。

——《异法方宜论篇第十二》

【译】说到北方，是天地间闭塞收藏的地域，那里的地势高峻，依山而居，朔风寒冷，冰封地冻。那里的人们安于散居旷野，饮食乳汁和乳制品，体中积藏寒气，易生胀满的寒症，治疗的方法宜灸焫之法。因此，灸焫疗法是由北方传来的。

南方者，天地所长养[⑦]，阳之所盛处也，其地下，水土

① 闭藏：收藏，闭塞。《管子·四时》："春嬴育，夏养长，秋聚秋，冬闭藏。"此言四时的不同性质。

② 冽（liè）：寒冷。

③ 处：居住。《易·系辞下》："上古六居而野处。"

④ 乳食：以乳及乳制品为饮食。当指北方畜牧民族。按中医认为乳汁属寒性。

⑤ 藏寒生满病：张景岳云："地气寒，乳性亦寒，故令入藏寒。藏寒多滞，故生胀满等病。"

⑥ 灸（jiǔ）焫（ruò）：焫，同"爇"，点燃。灸焫，中医的灸法，用艾柱或条点燃，选定六位，在皮肤表面上熏灸，借艾火热力透入肌肤，温经散寒、调和气血，达到治疗效果。

⑦ 长（zhǎng）养：生长养育。长，生长。

弱，雾露之所聚也。其民嗜酸而食胕[1]，故其民致理[2]而赤色，其病挛痹[3]，其治宜微针[4]。故九针[5]者，亦从南方来。

——《异法方宜论篇第十二》

【译】说到南方，有天地间生长养育之气，阳气旺盛的地区，其地势低下、水柔土软，是雾露水气聚集的处所。那里的人们喜欢吃酸味的烂熟食物，其皮肤纹理细致而带红色，多患痉挛和麻木不仁，宜以微针法治疗。故而九针疗法，是从南方传来的。

中央者，其地平以湿，天地所以生万物也众。其民食杂[6]而不劳[7]，故其病多痿厥[8]寒热，其治宜导引[9]按跷[10]。故导引按跷者，亦从中央出也。

——《异法方宜论篇第十二》

① 胕（fǔ）：浮肿，引伸为烂熟。

② 致理：细致的肌纹。

③ 挛痹（bì）：卷曲不能伸，痉挛。痹，麻木和气闷都为痹。

④ 微针：是否指“毫针”一类小型针具，待考。

⑤ 九针：九种古代医疗针具，包括外科和按摩两种用途，即镵（chán）针、园针、鍉（chí）针、锋针、铍（pī）针、园利针、毫针、长针、大针。

⑥ 食杂：指食物品种繁杂多样。

⑦ 不劳：指其地“生万物也众”，又以地处中央，各地物产之所聚，不必为食物担忧，生活安逸。

⑧ 痿厥：痿症肢体萎弱，筋脉弛缓。厥症，突然昏倒，不省人事，稍缓复苏。

⑨ 导引：我国古代强身除病的一种养生方法。

⑩ 按跷（qiāo）：按摩。人之自为者为导引；使人为之者为按跷。

【译】至于中央地区，其地平坦而潮湿，自然界所生的万物多种多样，当地人们所吃的食物种类繁多，生活安逸，故当地疾病多为痿症、厥症、寒症、热症，治疗的方法宜用导引按摩之法。因此导引按摩疗法，产生于中央地区。

肝色青，宜食甘，粳米、牛肉、枣、葵①皆甘。心色赤，宜食酸，小豆、犬肉、李、韭皆酸。肺色白，宜食苦，麦、羊肉、杏、薤皆苦。脾色黄，宜食咸，大豆、豕肉、栗、藿皆咸。肾色黑，宜食辛，黄黍、鸡肉、桃、葱皆辛。辛散、酸收、甘缓、苦坚、咸耎②。毒药攻邪，五谷③为养，五果④为助，五畜⑤为益，五菜⑥为充，气味合而服之，以补精益气。此五者⑦，有辛、酸、甘、苦、咸，各有所利，或散、或收、或缓、或急、或坚、或耎，四时五藏⑧，病随五味所宜也。

——《藏气法时论篇第二十二》

【译】肝脏主青色，适于食甜味，粳米、牛肉、枣子、

① 葵：葵菜。一名胭脂菜。嫩叶可作蔬菜。

② 耎（ruǎn）：同“软”，软弱，软化。

③ 五谷：其说不一，黍、稷、菽、麦、稻五种，此据《周礼·管官·职官氏》。

④ 五果：桃、李、杏、栗、枣。

⑤ 五畜：牛、羊、猪、鸡、犬。

⑥ 五菜：葵、韭、藿、薤、葱。

⑦ 此五者：指药物、五谷、五果、五畜、五菜。

⑧ 五藏：指心、肝、脾、肺、肾五脏。

葵菜都有甜味。心脏主赤色，适于食酸味，小豆、狗肉、李子、韭菜都有酸味。肺脏主白色，适于食苦味，麦子、羊肉、杏子、薤菜都有苦味。脾脏主黄色，适于食咸味，大豆、猪肉、栗子、豆叶都有咸味。肾脏主黑色，适于食辛味，黄黍、鸡肉、桃子、葱都有辛味。各种食物，辛味主散、酸味主收、甜味主缓、苦味主坚、咸味主软。凡用药物治疗外邪，五谷用来养生，五果用来辅助，五畜用来补益，五菜用来充养，气味和合而服食之，就可补精益气。药、谷、果、畜、菜这五种，都分别有辛、酸、甘、苦、咸五味，各有其所利的内脏，其作用也不同，或散、或收、或缓、或急、或坚、或软，春、夏、秋、冬四时，心、肝、脾、肺、肾五脏，都有不同的情况，故治病要根据五味之所宜。

五味所禁[1]：辛走[2]气，气病无多食辛；咸走血，血病无多食咸；苦走骨，骨病无多食苦；甘走肉，肉病无多食甘；酸走筋，筋病无多食酸。是谓五禁，无令多食。

——《宣明五气篇第二十三》

【译】食用五味，各有其禁忌。辛味走气，气病不可多吃辛味食物；咸味走血，血病不可多吃咸味的食物；苦味走骨，骨病不可多吃苦味食物；甜味走肉，肉病不可多吃甜

① 禁：禁忌。

② 走：中医术语，有趋向的意思。

味食物；酸味走筋，筋病不可多食酸味食物。这就是食物的“五禁”，也就是不要吃得太多。

岐伯曰：病热[①]少愈，食肉则复[②]，多食则遗[③]，此其禁也。

——《论热篇第三十一》

【译】岐伯说：病人发热稍稍减退，如果吃肉类的食物，就会复发，如果多吃食物，又会使余热退不下来，这都是热病的禁忌。

① 病热：发烧之类的热病。

② 复：反复，病之重发。

③ 遗：残余，此指余热不退。

《老子》选注

老子姓李，名耳，字聃（dān），楚苦县厉乡人，曾掌管过周王室的图书。聃与孔子为同时代人，而年龄较长。后世道家方士所宗仰的“老子”，似传说中的神化人物。与李聃的思想实相去甚远。

《老子》一书，大约是战国时人所掇拾纂辑，成书年代远在《论语》之后。其书分上、下篇，因为上篇首句曰为“道可道，非常道”，下篇首句为“上德不德，是以有德”，故又名《道德经》。

《老子》一书，文字简朴。今传较早者为晋王弼（bì）注本。其书既以“道德”为主旨，很少涉及饮食之事，仅在引喻中偶一及之。老子主张“清静无为”，但也承认人民必需“实其腹”，而且要求“甘其食”。

是以圣人[1]之治也，虚其心，实其腹，弱其志，强其骨，恒[2]使民无知无欲。

——《三章》

【译】因此圣人治理天下，要净化人民的头脑，填饱人民的肚皮，减弱人民的心志，增强人民的体质，永远使他们

① 圣人：指具有最高智慧和道德的人。

② 恒：经常，永远。

没有（机诈的）心思，没有（争夺的）欲念。

五色[①]令人目盲[②]；五音[③]令人耳聋[④]；五味令人口爽[⑤]；驰骋[⑥]畋[⑦]猎；令人心发狂[⑧]；难得之货，令人行妨[⑨]。

是以圣人为腹不为目[⑩]，故去彼取此。

——《十二章》

【译】缤纷的色彩使人眼花缭乱；纷杂的音调使人听觉不敏；丰盛的饮食会使人舌不知味；纵情狩猎使人心放荡；稀有货品使人行为不轨。

因此圣人但求安饱而不逐声色之娱，所以摒弃物欲的诱惑而保持安足的生活。

---

① 五色：指青、赤、黄、白、黑。

② 目盲：比喻眼缭乱。

③ 五音：指宫、商、角、徵（zhǐ）、羽。

④ 耳聋：指听觉不灵。

⑤ 口爽：口病。爽，引申为伤，比喻味觉差失。

⑥ 驰骋：纵横奔走，这里比喻纵情。

⑦ 畋（tián）：猎取禽兽。

⑧ 心发狂：心放荡而不可制止。

⑨ 行妨：伤害操行。妨，害；伤。

⑩ 为腹不为目：只求安饱，不求纵情于声色之娱。

众人熙熙[①]，如享太牢[②]，如登春台[③]。我独泊[④]兮，其未兆[⑤]。

——《三十章》

【译】众人都欢天喜地，好像参加帝王祭祀时的丰盛宴席，好像春天登上高台眺望。而我则淡淡地无动于衷。

乐[⑥]与饵，过客止。

——《三十五章》

【译】音乐和美食，使过路的客人为之止步。

朝[⑦]甚除[⑧]，田甚芜[⑨]，仓甚虚；服文采，带利剑，餍[⑩]饮食；财货有余，是谓盗竽[⑪]。

——《五十三章》

① 熙熙：兴高采烈、纵情欢乐的样子。

② 太牢：古代帝王祭祀时所用的备有牛、羊、猪的宴席。

③ 登春台：春天登上高台眺望。

④ 泊：淡泊，恬静。

⑤ 未兆：没有表现，无动于衷。

⑥ 乐：音乐。

⑦ 朝：朝廷政治。

⑧ 除：废弛。

⑨ 芜（wú）：荒芜。

⑩ 餍（yàn）：饱、足。

⑪ 盗竽：强盗头子。竽，古代音乐合奏时的主导乐器，这里借指为头领。

【译】朝政腐败透顶，农田一片荒芜，仓库空空如也；（郤）穿着锦绣的衣服，佩带着锋利的宝剑，饱餐丰盛的饮食；把财富搜刮得多多的，这就叫作强盗头子。

治大国，若烹小鲜[①]。

——《六十章》

【译】治理大国，好像烹煎小鱼。

甘其食，美其服，安其居，乐其俗；邻国相望，鸡犬之声相闻，民至老死，不相往来。

——《八十章》

【译】让人民有香甜可口的饮食，有华丽美观的衣服，有舒适安逸的住房，有欢快和乐的习俗；邻国之间可以互相望得见，而人民一直到老死，都不互相往来。

① 鲜：鱼。

《庄子》选注

庄子名周，梁之蒙人（今山东菏泽北）。尝为漆园吏（梁之蒙有漆园城；又商丘县东北为宋之蒙，城中亦有漆园）。与梁惠王、齐室王同时。其学无所不窥，大抵归于老子之言。

魏晋时，庄子之书与《易》及《老子》并称“三玄”。唐开元间称庄子为南华真人，名其书为《南华真经》。今存庄子三十三篇。

《庄子》寓言，汪洋恣肆，曲畅善辩，极具文学价值。文中或涉及饮馔，主旨是论哲理。

适①莽苍②者，三飡③而反④，腹犹果然⑤；适百里者，宿舂粮⑥；适千里者，三月聚粮⑦。

——《逍遥游》

【译】到郊野去的，只需带三餐的粮食，当天回来，肚

① 适：往。

② 莽苍：杂草林木丛生的郊野。

③ 飡（cān）：同“餐”。

④ 反：同“返”。

⑤ 果然：饱饱的。

⑥ 宿舂粮：舂好一宿之粮。舂，捣掉谷壳。

⑦ 三月聚粮：聚积三个月所需之粮。

子里还是饱饱的；到上百里路的远方去，必须准备好一宿的粮食；到上千里路的远方去，就须准备三个月的粮食了。

（许由[①]曰）：“庖人[②]虽不治庖，尸祝[③]不越樽俎[④]而代之矣。”

——《逍遥游》

【译】（许由说）：“厨子如不下厨，主祭的人也不能越位去代他行厨呀。”

民食刍豢[⑤]，麋鹿食荐[⑥]，蝍蛆甘带[⑦]，鸱[⑧]鸦嗜鼠，四者孰知正味？

——《齐物论》

【译】人吃肉类，麋鹿吃草，蜈蚣喜欢吃小蛇，猫头鹰和乌鸦却喜欢吃老鼠，这四种动物到底谁的口味合标准呢？

---

① 许由：传说中古代隐士，字武仲，颍川人。尧让天下于许由，许由不接受。

② 庖人：厨工。

③ 尸祝：太庙掌主祭的官，此处为许由自称。

④ 樽俎（zǔ）：泛指厨事。樽，酒器。

⑤ 刍（chú）豢（huàn）：用草喂的叫刍，指牛、羊；用谷子喂的叫豢，指家畜。

⑥ 荐：指草。

⑦ 蝍（jí）蛆（qū）甘带：蜈蚣喜欢吃小蛇。蝍蛆，蜈蚣。带，小蛇。

⑧ 鸱（chī）：指猫头鹰。

庖丁[①]为文惠[②]解[③]牛，手之所触，肩之所倚，足之所履，膝之所踦[④]，砉然响[⑤]然，奏刀[⑥]騞然[⑦]，莫不中音[⑧]：合于《桑林》[⑨]之舞，乃中《经首》[⑩]之会[⑪]。

文惠君曰："嘻[⑫]，善哉！技[⑬]盖[⑭]至此乎？"

庖丁释刀对曰："臣之所好者道[⑮]也，进[⑯]乎技矣。始臣之解牛之时，所见无非牛者，三年之后，未尝见全牛[⑰]也。

---

① 庖丁：厨工。或说"丁"是厨工的名字。

② 文惠：战国时魏国之君，魏后来迁都大梁（今河南开封市），故又称梁惠王。

③ 解：宰割。

④ 踦（yǐ）：一足站立，此言用另一只脚弯起来以膝抵住。

⑤ 砉（huā）然响：哗啦啦地响，形容皮骨相离声（或曰，后一"然"字是衍文）。砉，象声词。

⑥ 奏刀：刀在牛的骨肉关节间移动。奏，进。

⑦ 騞（huō）然：刀分割物体时的声音。较"砉然"之声为大。

⑧ 中（zhòng）音：合乎音乐的韵律。

⑨ 《桑林》：传说中商代的乐舞名。

⑩ 《经首》：传说中尧时乐曲《咸池》中的一段。

⑪ 会：节奏。

⑫ 嘻（xī）：赞叹声。

⑬ 技：技术。

⑭ 盖：通"盍（hé）"，作"为何"解。

⑮ 道：道经。这里指养生之道，对上文"技"而言。

⑯ 进：超越。

⑰ 未尝见全牛：庖丁对牛体的结构非常熟悉，操刀时眼中所见的是一块块的筋骨和组织，而不是完整的牛体。

方今之时，臣以神遇而不以目视[①]，官知止而神欲行[②]。依乎天理[③]，批大郤[④]，道[⑤]大窾[⑥]，因[⑦]其固然[⑧]；技经肯綮之未尝[⑨]，而况大軱[⑩]乎！良庖岁更[⑪]刀，割也；族庖[⑫]月更刀，折[⑬]也。今臣之刀十九年矣，所解数千牛矣，而刀刃若新发于硎[⑭]。彼节者有间[⑮]，而刀刃者无厚[⑯]；以无厚入有间，恢恢[⑰]乎其于游刃[⑱]必有余地矣！是以十九年而刀刃若新发于

---

① 以神遇而不以目视：谓只用精神去和牛体接触，不必用眼睛去看。神，精神。遇，接触。

② 官知止而神欲行：感官已停止作用而精神在活动。官，感官，如眼睛之类。

③ 天理：自然的构造。天，自然。理，构造。

④ 批大郤：从筋骨之间大的缝隙处把筋骨批开。批，同“劈”。郤，通“隙”，缝隙。

⑤ 道：通“导”，顺着。

⑥ 窾（kuǎn）：空隙处。

⑦ 因：顺着。

⑧ 固然：本来的样子。

⑨ 技经肯綮（qǐ）之未尝：凡是筋骨接合妨碍用刀的地方，就不用刀去试它。技，“枝”字之误，指枝脉。经，经脉。肯綮，筋骨接合的地方。尝，尝试。

⑩ 軱（gū）：大骨。

⑪ 更（gēng）：换。

⑫ 族庖：一般的厨工。族，普通。

⑬ 折：这里作“砍”字讲。

⑭ 新发于硎（xíng）：刚从磨刀石上磨出。发，磨好。硎，磨刀石。

⑮ 彼节者有间（jiàn）：一些关节之间都有空隙。节，关节。间，空隙。

⑯ 无厚：刀刃很薄、没有厚度。

⑰ 恢恢：宽阔的样子。

⑱ 游刃：转动刀刃。

砺。虽然，每至于族[①]，吾见其难为；怵然[②]为戒[③]，视为止[④]，行为迟[⑤]，动刀甚微[⑥]。謋然[⑦]已解，牛不知其死也，如土委[⑧]地，提刀而立，为之四顾，为之踌躇满志[⑨]。善[⑩]刀而藏之。”

文惠君曰：“善哉！吾闻庖丁之言，得养生[⑪]焉。”

——《养生主》

【译】厨工为文惠君宰牛，手头接触的，肩上顶着的，脚下踩着的，膝头抵住的，都哗哗作响，刀在骨肉关节中间进去，发出哗啦啦的响声，没有不符合音乐节拍的：合于《桑林》乐舞的韵律，合于《经首》乐曲的节奏。

文惠君说：“啊，好啊！技术怎么能达到这样的地步呀!”

厨工放下刀子答道：“我所专心爱好的是（宰牛的）道理，已经超过技术了。我开始宰牛时，看到的都是一头的

① 族：指筋骨交错结合的地方。

② 怵（chù）然：警惕的样子。

③ 戒：小心戒备。

④ 视为止：视力集中于一点。止，这里指停留在某一点上。

⑤ 行为迟：动作徐缓。迟，缓慢。

⑥ 微：轻微。

⑦ 謋（huò）然：骨肉分开的样子。謋，通“磔（zhé）”，分开。

⑧ 委：堆积。

⑨ 踌躇满志：心满意足、从容自得的样子。

⑩ 善：拭。

⑪ 得养生：宰牛虽多，却不伤刀刃，从而可知保养身心的道理，指养生之道。

整牛；三年之后，看到的就没有一头是完整的牛了。到了如今，我只须用精神去和牛体接触，而无须用眼睛去观察，感官已停止作用而精神却在活动。按照自然的构造，从大的缝隙处开劈，顺着大的空隙处走刀，依着牛体本来的结构去走刀；凡是筋骨接合妨碍用刀的地方，就不用刀去试，更不用说那些大的骨头了！好的厨子一年换一次刀，是用刀去割筋肉；一般的厨子一月换一次刀，是用刀去砍骨头。我现在的这把刀已经用过十九年了，所宰割的牛有几千头。然而刀刃还是像刚在磨刀石上磨过的一样。牛体的关节间是有空隙的。而刀刃很薄没有厚度；用没有厚度的刀刃插进关节的空隙处，当然宽绰得可以任意转动刀刃而有余地了！所以这把刀用了十九年还是像刚在磨刀石上磨过一样。尽管这样，每次遇到筋骨交错结合的地方，我见到不容易下手，就很小心谨慎，精力很集中，动作很缓慢，刀子动得很轻。牛体已经割开了，牛还不知道自己已经死了，就像一堆泥土堆积在地上。我提着刀子站着，向四下看看，感到心满意足，就把刀子揩干净收藏起来。”

文惠君说：“好啊，我听了你（庖丁）的一席话，懂得养生的道理了。”

颜回曰：“回之家贫，唯不饮酒不茹华者数月矣。如此，则可以为斋[1]乎？”曰[2]：“是祭祀之斋，非心斋也。”

——《人世间》

【译】颜回说：“我家里贫穷，不饮酒、不吃荤已经有好几个月了。这样能算是斋戒了吗？”孔子说：“这是祭祀的斋戒，并不是‘心斋’。”

夫柤[3]梨桔柚，果蓏之属，实熟则剥，剥则辱[4]；大枝折，小枝泄[5]。

——《人世间》

【译】那楂、梨、橘、柚，果瓜之类，果实熟了就遭打落，枝就被扭折，大枝被折断，小枝就被拉下来。

桂可食[6]，故伐之；漆可用，故割之。

——《人世间》

【译】桂树因为可以吃，所以就遭砍伐；漆树因为可以用，所以就遭刀割。

---

① 斋：斋戒。祭祀鬼神以前整洁衣服和身体，戒除嗜欲，表示虔诚。

② 曰：按前文是孔子和颜回对话，这里指孔子回答。

③ 柤（zhā）：同“楂”。

④ 辱：扭折。

⑤ 泄：这里通“拽”，牵引。

⑥ 桂可食：桂皮可做药或调味料，所以说可食。

夫赫胥氏[1]之时，民居不知所为，行不知所之，含哺[2]而熙，鼓腹[3]而游，民能以此矣。

——《马蹄》

【译】上古帝王赫胥氏的时代，人民安居，并不为了达到什么目的而去干点什么，也不为此而跑到什么地方去，只是嘴里含着食物，高兴地玩乐，腆着饱肚到处悠游，人民就像这样安然自适地生活。

故夫三皇五帝[4]之礼义法度，不矜[5]于同而矜于治，故譬三皇五帝之礼义法度，其犹柤、梨、桔、柚邪！其味相反，而皆可于口。

——《天运》

【译】因而三皇五帝的礼义法度，不尚于相同，而尚于都能使天下太平。因而三皇五帝的礼义法度，就好比楂、梨、橘、柚啊！味道全然不同，却都可口。

---

① 赫胥氏：古人假托的远古帝王。

② 哺（bǔ）：口中所含的食物。

③ 鼓腹：因饱食而腆起肚子；或解作击腹以当节拍。

④ 三皇五帝："三皇"有两说：一说是天皇、地皇、人皇；一说是燧人、伏羲、神农。"五帝"有两说：一说黄帝、颛（zhān）顼（xū）、帝喾（kù）、唐尧、虞舜；一说少昊、颛顼、高辛、唐尧、虞舜。以上都是传说中的上古帝王名。

⑤ 矜：尚。

（子独不知至德之世[①]乎？）……当是时也，民结绳[②]而用之，甘其食，美其服，乐其俗，安其居，邻国相望，鸡狗之音相闻，民至老死而不相往来。

——《胠箧》

【译】（你不知道道德行完美达到顶点的时代吗？）……在那样的时代，人民用结绳来记事，有可口的饮食，有美观的衣服，有和乐的习俗，有安适的住处，邻国之间可以互相望得见，鸡啼狗叫的声音可以互相听得见，人民一直到老死，都不互相往来。

且夫失性有五：一曰五色乱目，使目不明；二曰五声乱耳，使耳不聪；三曰五臭[③]熏鼻，困惾[④]中颡[⑤]；四曰五味浊口，使口厉爽[⑥]；五曰趣舍[⑦]滑心[⑧]，使性飞扬。此五者，皆生之害也。

——《天地》

---

① 至德之世：道德完美达到顶点的时代。

② 结绳：古代文字未发明以前，用在绳子上打结的办法来记事。

③ 五臭：指气味。这里指膻、熏、香、腥、腐等五味。

④ 困惾（zōng）：气味冲人使人难受。惾，壅塞刺鼻。

⑤ 中颡（sǎng）：自鼻而通于额，冲到脑子里了。颡，额。

⑥ 厉爽：病伤。

⑦ 趣舍：通“取捨”。

⑧ 滑心：使人心志迷乱。

【译】所谓丧失本性的情况有五种：一是五色弄花了眼目，使眼睛看不清；二是五声扰乱了听觉，使耳朵不灵；三是五气刺激人的嗅觉，使人的鼻腔和脑子都受冲激；四是五味败坏人的口味，使味觉受伤害；五是喜这厌那，使人心神不定。这五种都是生病的祸害。

夫天下之所尊者，富、贵、寿、善[1]也；所乐者，身安、厚味、美服、好色、音声也；所下者，贫贱夭恶[2]也；所苦者，身不得安逸，口不得厚味，形不得美服，目不得好色，耳不得音声。若不得者，则大忧以惧。其为形也，亦愚哉！

——《至乐》

【译】世界上所贵重的，是财富、地位、寿命、名誉；所追求的，是身体健康、饮食可口、服装华丽、色彩鲜艳、声音悦耳；所轻视的，是贫穷、卑贱、短命、恶命；所苦恼的，是身体得不到安静享受、口腹得不到美味佳肴、外表得不到漂亮衣服、眼睛见不到美丽的颜色、耳朵听不到优美的声音。如果得不到这些，就愁闷至极以致恐惧起来。他们这样为形体操心，不是太愚蠢了吗？

① 善：好的名声。

② 恶：不好的名声。

且君子之交淡若水也，小人之交甘若醴。

——《山木》

【译】而且君子的交情淡薄得像水一样，小人的交情甘美得像甜酒一样。

徐无鬼见魏武侯，武侯曰："先生居山林，食芧栗[1]，厌葱韭，以宾[2]寡人，久矣夫！今老邪？其欲干[3]酒肉之味邪？其寡人亦有社稷之福邪？"徐无鬼曰："无鬼生于贫贱，未尝敢饮食君之酒肉，将来劳君也。"

——《徐无鬼》

【译】徐无鬼见魏武侯，武侯说："先生住在山林里，食橡栗，吃葱韭，离开寡人很久了，现在年老了吗？想尝厚禄的滋味吗？要是这样，我的国家不是就有福了吗？"徐无鬼说："我出生贫贱，并不想求取君主的厚禄，是来慰问君主的。"

羊肉不慕蚁，蚁慕羊肉，羊肉羶也。

——《徐无鬼》

【译】羊肉不爱蚂蚁，蚂蚁却爱羊肉，因为羊肉有膻味。

---

① 芧（xù）栗：橡实，橡子。

② 宾：通"摈"，弃。

③ 干：求。

任公子[①]得若鱼，离[②]而腊之，自制河[③]以东，苍梧[④]以北，莫不厌[⑤]若鱼者。

——《外物》

【译】任公子钓到这条鱼，剖开来腊干。从浙江以东，苍梧以北，没有不饱吃这条鱼的。

筌[⑥]者所以在鱼，得鱼而忘筌；蹄[⑦]者所以在兔，得兔而忘蹄；言者所以在意，得意而忘言。吾安得夫忘言之人而与之言哉!

——《外物》

【译】鱼笱是用来捕鱼的，捕到鱼便忘了鱼笱；兔网是用来抓兔子的，捉到兔便忘了兔网；语言是用来表达意愿的，达到了意愿便忘了说过的语言。我哪里能够遇到忘言的人和他谈论呢！

---

① 任公子：《庄子》寓言中的人物。

② 离：剖。

③ 制河：浙江。制，即“淛（zhè）”，通“浙”。

④ 苍梧：山名，在今广西苍梧县。

⑤ 厌：同“餍”，饱餐。

⑥ 筌：鱼笱（gǒu），捕鱼的工具。

⑦ 蹄：指兔网。

孔子穷于陈蔡之间，七日不火食，藜羹不糁[①]， 颜色甚惫，而犹弦歌于室。

——《让王》

【译】孔子被围困在陈蔡之间，七天没有生火煮饭，喝着不加米粒的野菜羹汤，面色疲惫，然而还在室中弹琴唱歌。

今富人，耳营于钟鼓管籥[②]之声，口嗛[③]于刍豢[④]醪[⑤]醴之味，以感其意，遗忘其业，可谓乱矣。

——《盗跖》

【译】现在的富人，耳朵听的是钟鼓箫笛的声音，嘴里尝的是肉食、美酒的滋味，用这些来激发他的心意，忘掉他的事业，可以说是昏乱的。

（列御寇[⑥]答伯昏瞀人[⑦]）曰：“吾尝食于十餐[⑧]，而五

---

① 藜（lí）羹不糁：藜菜之羹，不加米糁。藜，同“藜”。糁，米粒。

② 管籥（yuè）：箫笛一类的乐器。

③ 嗛（qiǎn）：快意。

④ 刍豢（huàn）：指饲养的牲畜。刍，食草的牲畜，如牛羊之类。豢，食谷的牲畜，如猪狗之类。

⑤ 醪（láo）：汁、滓混合的酒。

⑥ 列御寇：战国时郑人，传说《列子》为他所作。

⑦ 伯昏瞀（mào）人：庄子假托的人物。

⑧ 餐：同“浆”，饮料。

饔先馈[①]。”伯昏瞀人曰：“若是，则汝何为惊已[②]？”曰：“夫饔人特[③]为食羹之货，无多余之赢[④]，其为利也薄，其为权也轻，而犹若是，而况于万乘[⑤]之主乎？”

——《列御寇》

【译】（列御寇回答伯昏瞀人）道：“我曾在十家卖饮料的店子里饮食，而有五家先给我送来。”伯昏瞀人说：“这事，你为什么感到惊奇呢？”答道：“卖饮料的只是经营一些能饮的食物，没有很大的赢（盈）利，所得的也少，又无权无势，尚且这样对待我，何况是一国的君主呢？”

① 馈（kuì）：进食于人。

② 已：通“也”。

③ 特：只，仅。

④ 赢（yíng）：同“赢”。

⑤ 万乘：周朝制度，王畿（jī）方千里，能出兵车万辆，后因以指称帝位。

《楚辞》选注

《楚辞》是汉刘向编辑屈原、宋玉、景差、贾谊、淮南小山、东方朔、严忌、王褒诸人骚体类赋作的总集，尊屈原的《离骚》为经，其余名篇为传，共得十五卷。刘向编后又撰《九叹》以自见其意；王逸为章句，撰《九思》，附于向作之后，共十七卷，即现在的通行本。其中宋玉《招魂》，怜哀屈原忠而遭到斥弃，魂魄放佚，欲其恢复精神，延年益寿，故极称楚国的美好，来说明流放外地之苦，冀以讽谏楚王的觉悟。屈原《大招》（或疑为景差所作），说屈原放逐九年，恐寿命将终，不能实现其抱负，故大招其魂，“盛称楚国之乐，崇怀（王）襄（王）之德”，他希望通过讽谏，表达其辅佐兴治的大志。两篇都涉及楚地物产之丰和饮食之美，摘其有关饮馔部分为之注译。

室家[①]遂宗[②]，食多方些。稻粢穱[③]麦，挐[④]黄粱[⑤]些。大苦醎[⑥]酸，辛甘行些。肥牛之腱，臑[⑦]若芳些。和酸若苦，陈

① 室家：宗族。

② 宗：聚。

③ 穱（zhuō）：泛指早熟的谷物。

④ 挐（rú）：掺杂。

⑤ 黄粱：黄小米。

⑥ 醎（xián）：同“咸”。

⑦ 臑（ér）：通“胹”，炖烂。

吴羹些。胹鳖炮羔，有柘浆[1]些。鹄酸[2]臇[3]凫[4]，煎鸿[5]鸧[6]些。露鸡[7]臛[8]蠵[9]，厉[10]而不爽[11]些。粔籹[12]密[13]饵，有怅餭[14]些。瑶浆蜜勺[15]，实[16]羽觞[17]些。挫糟[18]冻饮[19]，酎[20]清凉些。华酌既陈，有琼浆些。归来反故室，敬而无妨些。

——《招魂》

【译】宗族相聚举行祭祀，有多种多样的食物。精细

① 柘（zhè）浆：糖汁。

② 鹄酸：应为“酸鹄”。鹄，天鹅。酸，用醋烹制。

③ 臇（juǎn）：少汁的羹。

④ 凫：野鸭。

⑤ 鸿：大雁。

⑥ 鸧（cāng）：鸟名，形似雁。

⑦ 露鸡：卤鸡。

⑧ 臛（huò）：本指不加配菜，带汁的肉。这里指烹饪技法，烧。

⑨ 蠵（xī）：大海龟。

⑩ 厉：这里为浓烈之意。

⑪ 爽：败；坏。

⑫ 粔（jù）籹（nǚ）：以蜜和米面做成的食品。

⑬ 密：同“蜜”。

⑭ 怅（zhāng）餭（huáng）： 一种糖食。

⑮ 瑶浆蜜勺：瑶浆和蜜勺均指美酒。瑶，言品种之名贵。勺，通“酌”。

⑯ 实：装满。

⑰ 羽觞（shāng）：酒杯。

⑱ 挫糟：除去酒糟。挫，压榨。

⑲ 冻饮：冻醪，春酒的别名。

⑳ 酎（zhòu）：醇酒。

的米麦，掺杂着黄小米。酸、甜、苦、辣、咸，五味俱全。肥牛的蹄筋炖得又烂又香。酸味、苦味相互调和，呈上吴国的羹汤。清炖甲鱼、火炮羔羊，调味料还有糖汁。醋烹天鹅肉，野鸭做肉粥，煎炸鸿与鸧。还有红烧海龟肉和卤鸡，滋味浓烈不伤口。各色点心甜又脆，蜜糕糖饼味道香。美酒如蜜，斟满了酒杯。撇开酒糟取出美酒，酒味醇厚又清又凉。豪华的酒具已经摆开，如玉的美酒待你品尝。回来吧！返回你的故乡，人们尊敬你、对你无妨。

五谷六仞①，设②菰粱只③。鼎臑④盈望⑤，和致⑥芳只。内⑦鸧鸽⑧鹄，味⑨豺羹只。魂乎归来！恣所尝只。鲜蠵甘鸡，和楚酪⑩只。醢豚苦狗⑪，脍苴蓴⑫只。吴酸⑬蒿

① 六仞（rèn）：指积谷之多。仞，古代以七尺或八尺为一仞。

② 设：施，这里指做饭。

③ 只：语气词。

④ 鼎臑：用鼎煮好的食物。

⑤ 盈望：所见皆是。

⑥ 致：放作料。

⑦ 内：通“肭（nà）”，肥也。

⑧ 鸽：鹁鸠。

⑨ 味：这里解作“和”。

⑩ 酪：乳浆。

⑪ 苦狗：带苦味的狗肉羹。

⑫ 苴（jū）蓴（bó）：蘘荷。叶如初生的甘蔗，根如姜芽。

⑬ 酸：动词。做酸菜。

蒌[1]，不沾[2]薄[3]只。魂兮归来！恣所择只。炙鸹[4]烝凫，煔[5]鹑𨢦[6]只。煎鲼[7]膗[8]雀，遽爽存[9]只。魂乎归来！丽[10]以先只。四酎[11]并孰，不涩嗌[12]只。清馨冻饮，不歠[13]役只。吴醴白蘖[14]，和楚沥[15]只。魂乎归来！不遽惕[16]只。

——《大招》

【译】许多精细的谷物，用菰米来做饭。食物放满了桌子，香味扑鼻诱人。肥嫩的黄莺、鹁鸠、天鹅肉，和着鲜美的豺肉汤。魂啊，回来吧！美馔佳肴任你品尝。鲜美的大

---

① 蒿（hāo）蒌（lóu）：草名，可食用。

② 沾：多汁。

③ 薄：无味。

④ 鸹（guā）：老鸹，即乌鸦。

⑤ 煔（qián）：一种烹饪技法。将生料在沸汤中烫熟。

⑥ 𨢦（chén）：通“陈”，陈列。

⑦ 鲼（jì）：鱼名。同“鲫”。

⑧ 膗：通“臛”，肉羹。

⑨ 遽（jù）爽存：《楚辞通释》：“遽，与渠同。犹言如许也。爽，食之有异味，今俗言味佳者为爽口。存，犹在也。”

⑩ 丽：美味。

⑪ 四酎：四缸醇酒。酎，醇酒。

⑫ 嗌（yì）：咽喉。

⑬ 歠（chuò）：饮，喝。

⑭ 蘖（niè）：谷芽。

⑮ 沥：清酒。

⑯ 遽惕：恐惧。

龟、肥嫩的鸡，再加上楚国的乳浆。剁碎的猪肉、苦味的狗肉，掺上切细的蘘荷。吴国做的酸菜，浓淡正恰当。魂啊，回来吧！任你选择哪样。烤乌鸦、蒸野鸭、氽的鹌鹑肉都放在桌上。油煎鱼、雀肉羹，如此佳肴爽人口。魂啊，回来吧！味美的请你来先尝。四缸醇酒已经酿好，其味纯正不刺喉咙。酒味清香最宜冷饮，奴仆难以上口。吴国的白谷酒，掺入楚国的清酒。魂啊，回来吧！酒味醇和，不要害怕。